本书得到湖南科技学院应用特色学科建设项目、永州市 2020 年度指导性科技计划项目（永科发〔2020〕19 号）、永州经济技术开发区科学技术协会资助出版

U0188039

新时代背景下云计算先进技术与创新发展研究

万 李 著

中国原子能出版社
China Atomic Energy Press

图书在版编目（CIP）数据

新时代背景下云计算先进技术与创新发展研究 / 万李著 . — 北京：中国原子能出版社，2021.7
ISBN 978-7-5221-1502-3

Ⅰ.①新… Ⅱ.①万… Ⅲ.①云计算 – 研究 Ⅳ.
① TP393.027

中国版本图书馆 CIP 数据核字 (2021) 第 154752 号

内容简介

本书属于云计算方面的著作，由云计算概述、云计算与虚拟化技术、云计算架构、云计算安全分析技术、云计算与分布式存储技术、新时代背景下云计算创新应用等部分组成。全书以云计算为研究对象，分析新时代背景下云计算的发展前景及面临的挑战，同时对发展前景、虚拟化技术、网络虚拟化技术、桌面虚拟化技术、基本云架构、高级云架构先进技术、云计算安全分析技术等先进技术以及云计算的创新应用进行了探究，对计算机、大数据、云计算等方面的研究者及工作者具有学习和参考价值。

新时代背景下云计算先进技术与创新发展研究

出版发行	中国原子能出版社（北京市海淀区阜成路 43 号　100048）
责任编辑	王齐飞
装帧设计	河北优盛文化传播有限公司
责任校对	宋　巍
责任印制	赵　明
印　　刷	三河市华晨印务有限公司
开　　本	710 mm×1000 mm　1/16
印　　张	11.25
字　　数	200 千字
版　　次	2021 年 7 月第 1 版　　2021 年 7 月第 1 次印刷
书　　号	ISBN 978-7-5221-1502-3
定　　价	68.00 元

前 言

  云计算（Cloud Computing）是分布式计算的一种，指的是通过网络"云"将巨大的数据计算处理程序分解成无数个小程序，然后通过多部服务器组成的系统处理和分析这些小程序，得到结果并返馈给用户。所谓云计算，就是简单的分布式计算，解决任务分发，并进行计算结果的合并，因而云计算又称为网格计算。通过这项技术，可以在很短的时间内（几秒钟）完成对数以万计的数据的处理，从而实现强大的网络服务。

  随着信息技术逐渐发展成熟，云计算技术作为一种新兴的计算模式有诸多的优势，现今已经被运用至社会的各个领域。随着经济的快速发展和社会的不断进步，技术人员所面临的问题日趋复杂，需要采取综合措施来解决问题。

  本书属于云计算方面的著作，由新时代背景下云计算概述、新时代背景下云计算与虚拟化技术、云计算架构创新发展、新时代背景下云计算安全、基于云计算的分布式存储技术、新时代背景下云计算创新应用几部分组成。全书以云计算为研究对象，分析新时代背景下云计算发展面临的挑战和发展前景以及虚拟化技术、云计算架构、云计算安全等先进技术，并对云计算的创新应用进行探究，对计算机、大数据、云计算等方面的研究者及工作者具有一定的参考价值。

万　李

2021 年 3 月

目 录

第一章　新时代背景下云计算概述

第一节　云计算基础知识

一、云计算的定义

云计算是一种 IT 基础设施的变迁，但是如何准确地定义它呢？事实上，很难用一句话说清楚到底什么才是真正的云计算。

维基百科对云计算的解释是，云计算是一种互联网上的资源利用新方式，可为大众用户依托互联网上异构、自治的服务进行按需即取的计算。由于资源在互联网上，而在计算机流程图中，互联网常以一个云状图案表示，所以可以形象地类比为云，"云"同时是对底层基础设施的一种抽象概念。

加利福尼亚大学伯克利分校的学者将云计算定义为，云计算包含互联网上的应用服务及在数据中心提供这些服务的软、硬件设施。互联网上的应用服务一直被称作软件即服务（Software as a Service，SaaS），而数据中心的软、硬件设施就是所谓的"云"。

江南计算技术研究所的司品超等认为，云计算是一种新兴的共享基础架构的方法，它统一管理大量的物理资源，并将这些资源虚拟化，形成一个巨大的虚拟化资源池。云是一类并行和分布式的系统，这些系统由一系列互连的虚拟计算机组成。这些虚拟计算机是基于服务级别协议（供应者和消费者之间协商确定）被动态部署的，并且作为一个或多个统一的计算资源存在。与传统单机、网络应用模式相比，云计算具有虚拟化技术、动态可扩展、按需部署、高灵活性、高可靠性、高性价比六大特点。

看了这几个定义后，我们对云计算有了大概的了解。其实云计算到底是什么，还取决于人们所关注的兴趣点。不同的人群看待云计算会有不同的理解。我们可以把人群分为云计算服务的使用者、云计算系统规划设计的开发者和云计算服务的提供者三类。

从云计算服务的使用者角度来看，云计算可以用图来形象地表达。如图1-1所示，云非常简单，一切都在云里面，它可以为使用者提供云计算、云存储以及各类应用服务。云计算的使用者不需要关心云里面到底是什么、云里面的 CPU 是什么型号的、硬盘的容量是多少、服务器在哪里、计算机是怎么连接的、应用软件是谁开发的等问题，而需要关心的是随时随地可以接入、有无限的存储可供使用、有无限的计算能力为其提供安全可靠的服务和按实际使用情况计量付费。云计算最典型的应用就是基于 Internet 的各类业务。云计算的成功案例包括 Google 的搜索、在线文档 Google Docs、基于 Web 的电子邮件系统 Gmail，微软的 MSN、Hotmail 和必应（Bing）搜索，Amazon 的弹性计算云（EC2）和简单存储服务（S3）业务等。简单来说，云计算是以应用为目的，通过互联网将大量必需的软、硬件按照一定的形式连接起来，并且随着需求的变化而灵活调整的一种低消耗、高效率的虚拟资源服务的集合形式。对于云计算来说，它更应该属于一种社会学的技术范围。相比物联网对原有技术进行升级的特点，云计算则更有"创造"的意味。它借助不同物体间的相关性，将不同的事物进行有效的联系，从而创造出一个新的功能。

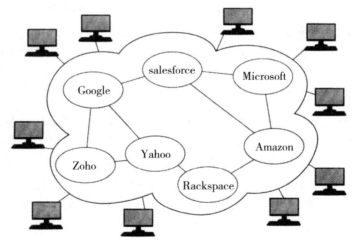

图 1-1 云计算概念结构

二、有关概念

云计算是效用计算（Utility Computing）、并行计算（Parallel Computing）、分布式计算（Distributed Computing）、网格计算（Grid Computing）、网络存储

（Network Storage）、虚拟化（Virtualization）、负载均衡（Load Balance）等传统计算机和网络技术发展融合的产物。云计算的基本原理是令计算分布在大量的分布式计算机上，而非本地计算机或远程服务器中，从而使企业数据中心的运行与互联网相似。

云计算常与效用计算、分布式计算、并行计算、网格计算、自主计算相混淆。这里有必要介绍一下这些计算的特点。

（一）效用计算

效用计算是一种提供计算资源的商业模式，用户从计算资源供应商处获取和使用计算资源，并基于实际使用的资源付费。效用计算主要给用户带来经济效益，是一种分发应用所需资源的计费模式。相对效用计算而言，云计算是一种计算模式，它代表了在某种程度上共享资源进行设计、开发、部署、运行应用，以及资源的可扩展、收缩和对应用连续性的支持。

（二）分布式计算

分布式计算是利用互联网上众多的闲置计算机的计算能力，将其联合起来解决某些大型计算问题。与并行计算同理，分布式计算也是把一个需要巨大的计算量才能解决的问题分解成许多小的部分，然后把这些小的部分分配给多个计算机进行处理，最后把这些计算结果综合起来得到最终的正确结果。与并行计算不同的是，分布式计算所划分的任务相互之间是独立的，某一个小任务出错不会影响其他任务。

（三）并行计算

并行计算是指同时使用多种计算资源解决计算问题的过程。并行计算是为了更快速地解决问题、更充分地利用计算资源而出现的一种计算方法。

并行计算将一个科学计算问题分解为多个小的计算任务，并将这些小的计算任务在并行计算机中执行，利用并行处理的方式达到快速解决复杂计算问题的目的，它实际上是一种高性能计算。

并行计算的缺点是将被解决的问题划分出的模块是相互关联的，如果其中一个模块出错，必定影响其他模块，再重新计算会降低运算效率。

（四）网格计算

网格计算是指分布式计算中两类广泛使用的子类型：一类是在分布式的计算资源支持下作为服务被提供的在线计算或存储；另一类是由一个松散连接的计算机网络构成的虚拟超级计算机，可以用来执行大规模任务。

网格计算强调资源共享，任何人都可以作为请求者使用其他节点的资源，同时需要贡献一定资源给其他节点。网格计算强调将工作量转移到远程的可用计算资源上；云计算强调专有，任何人都可以获取自己的专有资源，并且这些资源是由少数团体提供的，使用者不需要贡献自己的资源。在云计算中，计算资源的形式被转换，以适应工作负载，它支持网格类型应用，也支持非网格环境，如运行 Web 2.0 应用的三层网络架构。网格计算侧重并行的集中性计算需求，并且难以自动扩展；云计算侧重事务性应用、大量的单独的请求，可以实现自动或半自动扩展。

（五）自主计算

自主计算是由美国 IBM 公司于 2001 年 10 月提出的。

IBM 将自主计算定义为"能够保证电子商务基础结构服务水平的自我管理技术"。其最终目的在于使信息系统能够自动地对自身进行管理，并维持其可靠性。

自主计算的核心是自我监控、自我配置、自我优化和自我恢复。自我监控即系统能够知道系统内部每个元素当前的状态、容量以及它所连接的设备等信息；自我配置即系统配置能够自动完成，并能根据需要自动调整；自我优化即系统能够自动调度资源，以达到系统运行的目标；自我恢复即系统能够自动从常规和意外的灾难中恢复。

事实上，许多云计算部署依赖计算机集群（但与网格计算的组成、体系结构、目的、工作方式大相径庭），也吸收了自主计算和效用计算的特点。它旨在通过网络把多个成本相对较低的计算实体整合成一个具有强大计算能力的完美系统，并借助一些先进的商业模式把这个具有强大的计算能力的系统分布到终端用户手中。

三、云计算的特征

云计算的一个核心理念就是通过不断提高"云"的处理能力，减少用户终端的处理负担，最终使用户终端简化成一个单纯的输入输出设备，并能按需享受"云"强大的计算处理能力。云计算的中心思想是将大量用网络连接的计算资源统一管理和调度，构成一个计算资源池，向用户提供按需服务。云计算的特征主要表现在以下几个方面：

（一）超大规模

"云"具有相当的规模，Google 云计算已经拥有 100 多万台服务器，Amazon、IBM、Microsoft、Yahoo 等的"云"均拥有几十万台服务器。"云"能赋予用户前所未有的计算能力。云业务的需求和使用与具体的物理资源无关，IT 应用和业务运行在虚拟平台上。云计算支持用户在任何有互联网的地方使用任何上网终端获取应用服务。用户所请求的资源来自规模巨大的云平台。

（二）高可扩展性

"云"的规模超大，可以动态伸缩，满足应用和用户规模增长的需要。

（三）虚拟化

云计算是一个虚拟的资源池，用户所请求的资源来自"云"，而不是固定的有形的实体。用户只需要一台笔记本电脑或者一部手机，就可以通过网络服务来实现自己需要的一切，甚至包括超级计算这样的任务。

（四）通用性

云计算没有特定的应用，同一个"云"可以同时支撑不同的应用运行。

（五）高可靠性

用户无须担心个人计算机崩溃导致的数据丢失，因为其所有的数据都保存在云里。

（六）廉价性

由于"云"的特殊容错机制，所以可以采用极其廉价的节点来构成云。云计算将数据送到互联网的超级计算机集群中处理，个人只需支付低廉的服务费用，就可完成数据的计算和处理。企业无须负担日益高昂的数据中心管理费用，从而大幅降低了成本。

（七）灵活定制

用户可以根据自己的需要定制相应的服务、应用及资源。根据用户的需求，"云"提供相应的服务。

四、云计算的优缺点

（一）云计算的优点

云计算的优点突出表现在以下几个方面：

1.降低用户计算机的成本

用户不需要购买非常高端的计算机来运行云计算的 Web 应用程序，因为这些应用程序在云上（而不是在本地）运行，所以桌面 PC 不需要传统桌面软件所要求的处理能力和存储空间。

2. 改善性能

因为大部分的软件都在云上运行，所以用户的计算机可以节省更多的资源，从而获得更好的性能。此外，由于云中的服务只需支持单一环境，所以运行更快。

3. 降低 IT 基础设施投资

大型组织的 IT 部门可通过向云迁移来降低成本。通过利用云的计算和存储能力替代内部的计算资源，企业可以减少 IT 的初期投资。那些需要处理高峰负载的企业不再需要购买设备来应付负载峰值（在平时闲置），这种需求可以通过云计算轻松处理。

4. 减少维护问题

云计算能够为各种规模的组织显著地降低硬件和软件的维护成本。硬件都由云计算提供者管理，所以组织基本上不用再进行硬件维护。系统软件等也是同样的情况。

5. 减少软件开支

由于各种成本的降低，一般基于云计算的服务收费比传统的软件低，而且许多公司（如 Google）都免费提供其 Web 应用程序。

6. 即时的软件更新

用户不用再面对陈旧的软件和高昂的升级费用。基于 Web 的应用程序都能自动更新，用户每次使用程序时，得到的都是最新的版本。

7. 计算能力的增长

当用户与云计算系统连接之后，可以支配整个云的计算能力。

8. 无限的存储能力

云可以提供事实上近乎无限的存储能力。

9. 增强的数据安全性

在桌面计算机上，硬盘崩溃可能损坏所有有用的数据，但是云里面一台计算机的崩溃不会影响到存储的数据，这是因为云会自动备份存储的数据。

10. 改善操作系统的兼容性

不同操作系统之间的数据共享是非常麻烦的，但是对于云计算，重要的是数据，而不是操作系统，用户可以将 Windows 连接到云其他不同的操作系统，共享文档和数据。

11. 改善文档格式的兼容性

由 Web 应用程序创建的文档可以被其他任何使用该应用程序的用户读取，当所有人都使用云进行文档和应用的共享时，不会存在格式的兼容性问题。

12. 简化团队协作

通过共享文档可以进行文档合作，对许多用户来说，这是云计算最重要的优点之一。简单的团队合作意味着可以加快大多数团体项目的进度，同时让分布在不同地理位置的团队合作变为可能。

13. 没有地点限制的数据获取

通过云计算，用户不需要将文档随身携带，所有的数据都在云中，只需要一台计算机和网络连接就可以获取所需数据。

（二）云计算的缺点

云计算在体现出其独特的优点的同时，也存在一些缺点，主要表现在以下几个方面：

1. 要求持续的网络连接

用户需要通过互联网来连接应用程序和文档，假如没有网络连接，用户将什么都不能做。现在有些 Web 应用程序在没有网络连接的时候也可以在桌面上运行，如 Google Gears，这项技术可以将 Google 的 Web 应用程序变成本地运行的程序。

2. 低带宽网络连接环境下不能很好地工作

Web 应用程序都需要大量的带宽进行下载，如 Gmail 包含大量的 JavaScript 脚本，在低带宽网络连接环境下页面装载很困难，更别说利用其丰富的特性。换句话说，云计算不是为低带宽网络准备的。

3. 反应慢

即使有相当快的网络，Web 应用程序也可能比桌面应用程序反应慢得多，因为从界面到数据都需要在客户端和服务器进行不断的传递。

4. 功能有限制

虽然这个问题在将来必然会改善，但是现在许多 Web 应用程序和其对应的桌面应用程序相比，功能缩水很多。以 Google 文档和 Microsoft Office 为例，它们的基本功能差别不大，但是 Google 文档缺乏许多 Microsoft Office 的高级特性。

5. 无法确保数据的安全性

如果把数据都保存在云中，由于云的公共获得性，无法确保机密数据不会被其他用户窃取。

6. 不能保证数据不会丢失

理论上，保存在云中的数据是冗余的，不会存在丢失的问题，然而现在大部分云计算提供者都没有服务水平协议（SLA）。也就是说，如果用户的数据不见了，云计算提供者并不负责。

第二节　云计算的应用现状

一、云计算技术在工业中的运用

工业界是云计算技术的起源地，工业界为了实现自身对经济效益的追求，往往率先进行技术革命。Google 公司的搜索引擎便是以云计算技术为基础而产生的技术，用户在进行搜索的时候只需要将关键字输入，搜索引擎便可以通过远端数据中心将用户所需要的资料呈现。微软公司也是云计算技术的使用先驱之一，其将自身的用户利用互联网紧密结合，然后向他们提供云计算服务，从而满足客户需求与自身的发展需求。此外，IBM 也推出了诸如蓝云等一系列基于云计算技术的计算平台，为用户和自身提供了极大的技术支持。

二、云计算技术在学术界的发展

依照现今学术界的观点，云计算技术不仅可以为当下的用户提供搜索、协作等功能，也让当前的信息行业从传统的以硬件、软件为中心向以服务为中心转变。李开复先生总结了以下观点：第一，将用户作为中心，用户可以在任何时间点使用储存在云海中的数据；第二，将任务作为中心，用户可以与合作者共同规划并执行各项任务；第三，强大的功能可以让用户获取大量的技术支持，进而完成以往难以完成的事。

三、工业界和学术界的云计算观点

当下工业界对云计算技术所制定和规划的发展方向都是服务于各自集团

的，其目的是实现各自集团的商业利益，希望通过云计算技术的发展让自身在当下这个计算机行业竞争激烈的环境中占据发展优势。学术界对云计算技术的研究是为了寻找云计算技术的多元化发展方向，其目的是让当下的计算机用户可以获取更多的技术支持。这种研究模式与工业界相比，研究结论中的利益成分较少。此外，学术界对云计算技术的研究也向疑虑方向发展，云计算技术的大量运用是否会让用户的个人隐私受到影响呢？这是目前学术界对云计算技术研究的新的方向。

第三节 云计算发展面临的机遇与挑战

在 21 世纪的开端，全球互联网巨头 Google 公司率先进行了云计算技术的应用研究工作，但是当时的各个网络巨头公司认为云计算技术依旧处于初级研究阶段。站在云计算技术研究前沿的 Google 公司认为，云计算的应用意味着未来数据跟着用户走，倘若未来一位用户购置了一台新的计算机，这位用户就不用去担心数据的拷贝工作和软件的安装工作，浏览器本身就可以去让上述工作完成。此外，未来的手机等互联网终端用户也可以通过云计算技术的支持获取与计算机用户一样的便利。

另一互联网巨头微软公司认为，云计算的下一步发展方向是将互联网用户利用云计算技术紧密结合，然后为他们提供各种云计算服务。当下的微软公司已经开始为自身的战略目标调整自身的云计算发展路线。首先，其将自身的软件组合向服务型方向进行改变，发布了 PC 软件的网络版。其次，建立完善的可移动数据中心，既可以为拥有大量员工的大型公司提供服务，也可以为个人用户提供技术支持。其最终目的是改变用户的使用习惯，用户将不再以桌面为核心进行计算机应用，计算机将会演变成一个极简的终端系统，不需要安装各种软件，计算机本身也可以实现自身的配置升级，用户不会在配置升级工作中大费周章。

云计算技术相比网络计算技术是一种高层次的技术模式，未来产业化的发展会使云计算技术拥有更多的发展方向，云计算技术将会在不久的将来为计算机用户提供更多的应用服务和更多的信息资源，与此同时，它也将给用户带来更为完善的隐私保护。在未来，云计算技术将会更加亲民，普通的计算机用户都可以通过云计算技术的支持实现自身的计算机使用目的，提升自身的工作效率。

2019 年的云计算发展一直保持着强劲的势头，而这不仅仅是因为云自身的影响力，大数据、物联网、人工智能、5G 技术的成熟与普及也加速了云计算的技术演进，并促进云计算市场快速发展。业内专家指出，融合是新一代网络信息技术的重要特征。云计算、大数据、物联网、人工智能、5G 这些技术只有相互配合，才能真正发挥作用。

例如，物联网产生海量数据，5G 用来传输和交换，而数据存储与计算需要云平台作为承载，人工智能也需要云平台提供数据支持。其中，"5G + 云 +AI"的组合最具代表性，云 + 5G 可为企业智能累积战略性数据资源，AI 的发展和普及亦需要云 + 5G 搭桥铺路，三者融合，释放出巨大能量，进一步推动"智能制造""智能网联车""智慧城市"等的发展。尽管如此，云计算在与这些新技术融合的同时面临挑战，如更大的算力支撑、更强有力的安全保障等。

《中国云计算产业发展与应用白皮书》指出，影响云计算产业发展和应用的最普遍、最核心的制约因素就是云计算的安全性和数据私密性保护。云上数据安全已成为业务数字化、智能化升级的关键风险点。云计算的每一次发展与扩大都是对云安全的一次挑战。目前，云计算安全已不再是单点安全，而是与全球产业链各个环节息息相关，原始的安全架构与能力已无法抵御全球化的网络安全威胁。

随着企业上云和数字化转型升级的不断深化，数据泄露已成为全球最常见的安全问题。根据相关安全机构统计，仅 2019 年上半年，全球范围内就发生了 3 813 起数据泄露事件，被公开数据 41 亿条，其中 8 起安全事件就导致了 32 亿条数据泄露。对此，业内相关人士称，云计算的大规模应用对安全能力的要求一定会成倍增长。与此同时可以看到，云计算、智能化给安全带来了新的契机，也会让更多企业感受到云计算安全带来的利好。

此外，专家指出，对云计算来说，最核心的安全是基础设施的安全。从国家安全、产业健康可持续发展的角度来看，自主可控的核心技术研发成为我国云计算产业发展必须解决的问题。但不管怎样，机遇远远大于挑战，在两者并存的情况下，反倒更加有助于云计算产业的不断成熟和扩大，也更加有利于市场竞争，促使企业提高自身技术创新能力。

第二章　云计算与虚拟化技术

第一节　虚拟化技术概述

一、虚拟化的概念

虚拟化从二十世纪五六十年代开始一直伴随着计算机行业的发展，从早期的虚拟内存到现在的虚拟服务平台，虚拟化所占的比重越来越大。对于什么是虚拟化，不同的开发者和使用者可能有不同的看法，这主要取决于他们具体的工作领域。早期的计算机程序开发人员可能还会担心是否有足够的内存用来存放数据和指令，随着虚拟内存的出现，这种担心越来越少。这就是虚拟化给我们带来的直观的影响。当然虚拟化不仅仅局限于虚拟内存。目前，从软件到硬件都可以看到虚拟化的身影。那么，什么是虚拟化？有没有一个统一准确的定义来概括虚拟化？我们先来看几个虚拟化的定义：

"虚拟化是以某种用户和应用程序都可以很容易从中获益的方式来表示计算机资源的过程，而不是根据这些资源的实现、地理位置或物理包装的专有方式来表示它们。换句话说，它为数据、计算能力、存储资源以及其他资源提供了一个逻辑视图，而不是物理视图。"

"虚拟化是表示计算机资源的逻辑组（或子集）的过程，这样就可以用从原始配置中获益的方式访问它们。这种资源的新虚拟视图并不受现实、地理位置或底层资源的物理配置的限制。"

"虚拟化是指对一组类似资源提供一个通用的抽象接口集，从而隐藏属性和操作之间的差异，允许通过一种通用的方式来查看并维护资源。"

从这几个定义中可以看出，虚拟化并没有一个规范的定义，但是可以从中抽象出一些共性。首先，虚拟化的对象是资源。资源可以有很广泛的理解，可以是各种硬件资源，包括存储器、处理器、光盘驱动器等，也可以是各种软件环境，如操作系统、应用程序、各种库文件等。其次，经过虚拟化后生成的新资源隐藏内部实现的细节。例如，虚拟出来的内存是新资源，而硬盘是被虚拟的对象。当程序对虚拟内存访问时，虚拟内存和真实内存是统一编址，应用程序看不到硬盘寻址到内存寻址的转换，只需要把被虚拟的硬盘当作内存一样读/写即可。最后，虚拟化后的新资源拥有真实资源的部分或全部功能。仍以虚拟内存为例，虚拟出来的内存完全拥有和真实内存一样的功能。

从概念上似乎感觉不到虚拟化的特别之处，那么为什么要进行虚拟化？

先看虚拟化的目的，虚拟化的目的主要是简化 IT 基础设施，从而简化对资源的管理，方便用户的访问。这里的用户是一个比较宽泛的定义，不仅仅局限于人，还可以是一个应用程序、操作请求、访问，或者是一个与资源交互的服务。围绕这个目的，虚拟化之后的资源往往会提供一个标准化的接口，当用户使用标准接口访问资源时，可以降低用户与资源之间的耦合程度，因为用户并不依赖资源的特定实现。另外，建立在这种松散耦合访问关系上的管理工作也会简单化。管理员可以在对 IT 基础设施进行管理时，把对用户的影响降到最低。当这些底层物理资源发生变化时，也可以把对用户的影响降到最低。因为虽然物理资源发生变化，但是用户与虚拟资源的交互方式并没有改变，应用程序不需要进行升级或者打补丁，因为标准接口没有变动。

二、虚拟化的发展历程

虚拟化技术最早诞生于 1959 年，在当年的国际信息处理大会上，克里斯·托弗发表的一篇论文《大型高速计算机中的时间共享》提出虚拟化的概念。1964 年，科学家 L. W. Comeau 和 R. J. Creasy 设计出一种名为 CP-40 的操作系统，该操作系统实现了虚拟内存和虚拟机技术。1965 年，IBM 最早把虚拟化技术引入商业领域，推出的 IBM7044 机型上，允许用户在一台主机上运行多个操作系统，从而让用户充分利用当时昂贵的硬件资源，这是第一次在商业系统上实现虚拟化。紧接着，1966 年剑桥大学的 Martin Richards 开发出 BCPL（Basic Combined Programming Language），实现第一个应用程序虚拟化。20 世纪 70 年代，在一篇名为 Formal Requirements for Virtualizable Third Generation Architectures 的论文中，首次提出虚拟化准则，满足准则的程序称为虚拟机监控器（Virtual Machine Monitor，VMM）。1978 年，IBM 获得冗余磁盘阵列专利技术，通过虚拟存储技术，把物理磁盘设备组合为资源池，然后从资源池中分配出一组虚拟逻辑单元，提供给主机使用。这是第一次在存储中使用虚拟技术。20 世纪 90 年代，Java 语言诞生，通过 Java 虚拟机实现了独立于平台的语言。

1998 年，在 Windows NT 平台上通过 VMware 虚拟软件启动 Windows 95 得以实现。这标志着在 x86 平台开始运用虚拟化技术。1999 年，VMware 公司在 x86 平台推出可以流畅运行的商业虚拟化软件，从此，虚拟化技术走下大型机的神坛，进入普通 PC 领域。

21 世纪后，虚拟化更是百花齐放，各大 IT 厂商在虚拟化领域各有建树。2000 年，HP 发布基于硬件分区的 nPartition。2003 年，Xen 诞生于剑桥大学，并且支持半虚拟化。同年，微软收购 Connectix，开始进军桌面虚拟化领域。2004 年，IBM 提出第一个真正的虚拟化解决方案——高级电源虚拟化（Advanced Power Virtualization，APV），在 2008 年重新命名为 PowerVM。2004 年，微软宣布 Virtual Server 2005 计划。2005 年，HP 在 Integrity 虚拟机中引入真正的虚拟化技术，这种技术支持分区拥有操作系统的完整副本和共享资源。英特尔公司在 2005 年初步完成 Vanderpool 技术外部架构规范（EAS），并且声称该技术可以对未来的虚拟化解决方案进行改进。2005 年 11 月，英特尔发布了新的 Xeon MP 处理器系统 7000 系列，x86 平台上第一个硬件辅助虚拟化技术——VT（Vanderpool Technology）技术随之诞生。同年，Xen3.0 问世，是第一个需要 Intel VT 技术支持的在 32 位服务器上运行的版本。2006 年，AMD 实现 I/O 虚拟化技术规范，技术授权完全免费。2007 年，甲骨文公司推出一款可以在 Oracle 数据库和应用程序中运行的服务器虚拟化软件 Oracle VM，并提供免费下载链接地址，标志着甲骨文公司正式进军虚拟化市场。Red Hat 紧随其后，也于 2007 年迈出虚拟化的第一步，即在所有的平台管理工具中都包含 Xen 虚拟化功能，并且在 Linux 新版企业端中整合 Xen。同年，Novell 在推出的新版服务器软件 SUSE Linux10 中增加虚拟化软件 Xen。思杰公司也在同年收购了 XenSource，进军虚拟化市场，并且在之后推出 Citrix 交付中心。2008 年，HP 发布了世界上第一款虚拟化刀片服务器 ProLiant BL495c G5。

三、虚拟化的分类

计算机是一个复杂精密的系统。这个系统包括若干层次，从下到上分别是硬件资源层、操作系统层、操作系统提供的抽象应用程序接口层、运行在操作系统上的应用程序层。每一层对外都隐藏了自己内部的运行细节，仅向上层提供对应的抽象接口，而上一层不需要知道底层的内部运作机制，仅调用底层提供的接口即可工作。分层的好处显而易见：首先，每层的功能明确，开发时只需要考虑每层自身的设计及与相邻层的交互，降低开发的复杂度；其次，层与层之间耦合度低，依赖性低，可以方便地进行移植。鉴于这些特点，可以采用不同的虚拟化技术构建不同的虚拟化层，向上层提供真实层次的功能或类似真实层次的功能。因此，按照虚拟化的实现层次，其可分为硬件虚拟化、操作系统虚拟化、应用虚拟化。

如果不考虑虚拟化的层次，从虚拟化应用领域来看，虚拟化可分为服务器虚拟化、存储虚拟化、网络虚拟化、桌面虚拟化。

从虚拟化的目的来看，虚拟化可分为平台虚拟化、资源虚拟化、应用虚拟化。平台虚拟化提供了一个虚拟的计算环境和运行平台，主要包括服务器虚拟化、桌面虚拟化。资源虚拟化主要是对各种资源进行虚拟化，包括内存虚拟化、存储虚拟化、网络虚拟化等。

四、虚拟化的优势

（一）更高的资源利用率
虚拟化可支持实现物理资源和资源池的动态共享，提高资源利用率，特别是针对那些平均需求远低于需要为其提供专用资源的不同负载。

（二）使用灵活
通过虚拟化可实现动态的资源部署和重配置，满足不断变化的业务需求。

（三）安全性
虚拟化可实现较简单的共享机制无法实现的隔离和划分，可实现对数据和服务进行可控和安全的访问。

（四）更高的可用性
提高硬件和应用程序的可用性，进而提高业务连续性（可安全地迁移和备份整个虚拟环境而不会出现服务中断）。

（五）更高的可扩展性
根据不同的产品，资源分区和汇聚可支持实现比个体物理资源小得多或大得多的虚拟资源，这意味着可以在不改变物理资源配置的情况下进行规模调整。

（六）互操作性
虚拟资源可提供底层物理资源无法提供的与各种接口和协议的兼容性。

五、虚拟化的缺点

虚拟化技术也有缺点，最明显的是由于虚拟化层协调资源而导致客户机系统性能下降。此外，由于虚拟化管理软件抽象层而引起主机没有被优化使用，主机利用率降低。不明显但是更加危险的是隐含的安全问题，这大多是由于模拟不同的执行环境产生的。

（一）性能降低

性能问题是使用虚拟化技术所需关注的主要问题之一。虚拟化在客户机和主机之间增加了抽象层，这将增加客户任务的操作延迟。例如，在硬件虚拟化情况下，当模拟一个可以安装完整系统的裸机时，性能降低归咎于下列活动产生的开销：

（1）维持虚拟处理器的状态。

（2）支持特权指令（自陷和模拟特权指令）。

（3）支持虚拟机分页。

（4）控制台功能。

此外，当硬件虚拟化通过在主机操作系统上安装或执行的程序实现时，性能降低的主要原因是虚拟机管理器同其他应用程序一起被执行和调度，从而共享主机的资源。

（二）低效和用户体验欠佳

虚拟化有时会导致主机的低效使用，特别是当某些主机的特定功能不能由抽象层展现，进而变得不可访问时。在硬件虚拟化环境中，设备驱动程序可能会出现以下情况：虚拟机有时仅提供只映射主机部分特性的默认图形卡。在编程级虚拟机环境中，一些底层的操作系统特性变得不可访问，除非使用特定的库。例如，在 Java 第一版本中，图形化编程的支持是非常有限的，应用程序的界面和使用体验非常差。

（三）安全漏洞和威胁

虚拟化滋生了新的难以预料的恶意网络钓鱼现象，它能够以完全透明的方式模拟主机环境，使恶意程序可以从客户机提取敏感信息。

在硬件虚拟化环境中，恶意程序可以在操作系统之前预安装，并作为一个微虚拟机管理器。这样，该操作系统就可以被控制和操纵，并从中提取敏感信息给第三方。这类恶意软件包括 BluePill 和 SubVirt。BluePill 针对 AMD 处理器系列，将安装的操作系统的执行移到虚拟机中完成。微软与美国密歇根大学合作研发的 SubVirt 早期版本是原型系统。SubVirt 影响客户机操作系统，当虚拟机重新启动时，它将获得主机的控制权。这类恶意软件的传播是因为原来的硬件和 CPU 产品并未考虑虚拟化。现有的指令集不能通过简单地改变或更新适应虚拟化的需求。英特尔和 AMD 相继推出了针对虚拟化的硬件支持 Intel VT 和 AMD Pacifica。

编程级的虚拟机也存在同样的问题：运行环境的改变可以获得敏感信息或监视客户应用程序所使用的内存位置。这样，运行时环境的原始状态将被修改和替换，如果虚拟机管理程序内存在恶意软件或主机操作系统的安全漏洞被利用，将会经常发生安全问题。

第二节　网络虚拟化技术

一、半虚拟化网卡技术

KVM 默认的网络虚拟化方法是全虚拟化网卡技术，即由 QEMU 在 Linux 系统的用户空间中模拟出网卡，然后分配给虚拟机使用。虽然这种方法可以灵活模拟多种类型的网卡，但网络 I/O 是基于虚拟化引擎的，效率很低，因此，促成了全虚拟化网卡和半虚拟化网卡技术的产生。

与系统的虚拟化技术类似，全虚拟化网卡与半虚拟化网卡的区别在于：全虚拟化网卡是由虚拟化层完全模拟出来的，而半虚拟化网卡则通过驱动程序对操作系统进行了改造。在生产环境中，半虚拟化网卡技术，即 Virtio 技术，应用较多。

（一）Virtio 工作原理

如图 2-1 所示，通过 Virtio 半虚拟化网卡技术改造虚拟机的操作系统后，可以让虚拟机直接与虚拟化层通信，减少了通信的层次，从而提高了虚拟机的网络性能。

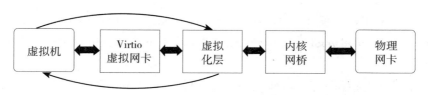

图 2-1 半虚拟化网卡技术模型

（二）Virtio 功能配置

安装半虚拟化驱动程序 Virtio 是解决全虚拟化网卡效率低下的方案之一。有了这个驱动程序，虚拟机的网卡就可以使用 Virtio 的标准接口。

1. Linux 系统安装 Virtio 驱动

Linux 系统从内核 2.6.24 版本起开始支持 Virtio，之后版本的系统默认都已安装此驱动。如果要确认虚拟机的 Linux 系统是否支持 Virtio，可以在虚拟机终端执行以下命令，查看系统的内核配置文件：

cd /boot

grep–i virtio config-3.18.44–20.e17.x86_64

其中，grep 后跟查看的配置文件名称，具体以 /boot 目录下以 config 开头的文件为准，不同版本的内核会对应不同的文件名。本例为 config-3.18.44–20.e17.x86_ 64。

在系统的内核配置文件中搜索"Virtio"，若能查到，则表示支持 Virtio 驱动：

```
[root@localhost boot]# grep -i virtio config-3.18.44-20.el7.x86_64
CONFIG_NET_9P_VIRTIO=m
CONFIG_VIRTIO_BLK=m
CONFIG_SCSI_VIRTIO=m
CONFIG_VIRTIO_NET=m
# CONFIG_CAIF_VIRTIO is not set
CONFIG_VIRTIO_CONSOLE=m
CONFIG_HW_RANDOM_VIRTIO=m
CONFIG_VIRTIO=m
# Virtio drivers
CONFIG_VIRTIO_PCI=m
CONFIG_VIRTIO_BALLOON=m
CONFIG_VIRTIO_MMIO=m
# CONFIG_VIRTIO_MMIO_CMDLINE_DEVICES is not set
```

2. Windows 系统安装 Virtio 驱动

如果是 Windows 系统，需要先安装 Virtio 驱动，即给 Windows 系统的虚拟机添加一块网卡，并使用 Virtio 模式。具体步骤如下：

（1）在宿主机上使用浏览器访问 https：//fedorapeople.org/groups/virt/virtio-win/direct-downloads/stable-virtio/virtio-win.iso，下载 Virtio 驱动程序的镜像文件。

（2）进入虚拟机的管理窗口，单击菜单栏中的"View"→"Details"命令，如图 2-2 所示。

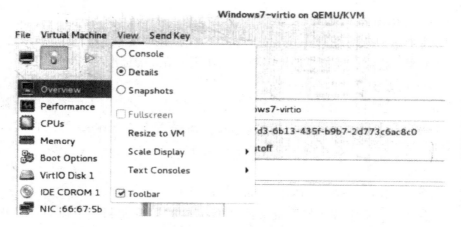

图 2-2　配置虚拟机设备

（3）在出现的设置窗口中单击左下角的"Add Hardware"按钮。

（4）在弹出的"Add New Virtual Hardware"窗口中单击左侧的"Network"项目，然后在右侧界面中将"Device model"设置为"virtio"。

（5）启动 Windows 虚拟机，进入"控制面板"窗口，单击"硬件和声音"项目。

（6）在出现的"硬件和声音"设置窗口中单击"设备和打印机"→"设备管理器"项目。

（7）在弹出的"设备管理器"窗口中单击展开"其他设备"目录，可以看到下面出现了一个前面有黄色问号的"以太网控制器"设备图标，该设备就是新添加的 Virtio 网卡。

（8）回到虚拟机管理窗口，单击左侧列表中的"IDE CDROM 1"项目，然后单击右侧界面中"Source path"后面的"Connect"按钮，给虚拟机光驱载入镜像。

（9）在弹出的"Choose Storage Volume"窗口中选择下载的 Virtio 驱动安装文件（ISO 格式），然后单击"Choose Volume"按钮确认。

（10）回到虚拟机的设备管理器窗口中，在"以太网控制器"图标上单击鼠标右键，在弹出的菜单中选择"更新驱动程序软件"命令。

（11）在弹出的驱动程序更新向导对话框中选择"浏览计算机并查找驱动程序软件"选项。

（12）在出现的"浏览计算机上的驱动程序软件"对话框中单击"浏览"按钮，选择驱动程序。

（13）在弹出的"浏览文件夹"对话框中找到光驱文件夹下的"WIN7/AMD64"文件夹。

（14）在弹出的 Windows 安全提示对话框中单击"安装"按钮。

（15）进入"正在安装驱动程序"对话框进行安装。

（16）安装完成后，单击"关闭"按钮，关闭驱动程序安装向导。

（17）回到虚拟机系统的"设备管理器"窗口，可以看到"网络适配器"目录下新增了一个设备"Red Hat Virtio Ethernet Adapter"，表明 Virtio 网卡驱动安装成功。

（18）在虚拟机配置文件中，可以查看新增网卡的配置信息，示例如下：

```
<interface type='bridge'>
    <mac address='52:54:00:57:21:bd'/>
    <source bridge='br0'/>
    <model type='virtio'/>
    <address type='pci' domain='0x0000' bus='0x00' slot='0x03' function='0x0'/>
</interface>
```

安装好网卡的 Virtio 驱动后，重启虚拟机系统，使网卡配置生效。如有必要，可以将其他未配置为 Virtio 模式的虚拟网卡配置为 Virtio 模式，重新安装其他网卡的 Virtio 驱动即可。

注意，Linux 系统的虚拟机也可以参考上面的虚拟机配置文件，对网卡的配置进行修改。

二、云中的网络分布式虚拟交换机（Open vSwitch）

Open vSwitch 是一种可以实现交换机功能的软件，目的是通过软件实现大型网络的自动化管理。

KVM 虚拟机可以通过 Open vSwitch 接入网络，相比传统的桥接方式，Open vSwitch 功能非常强大，不仅可以对虚拟机的网络进行灵活配置，还能实现在线更改虚拟机 VLAN 的功能。

Open vSwitch 体系比较复杂，涉及许多网络方面的内容，但由于本书的重点在虚拟化方面，所以只着重介绍它作为虚拟化交换机的安装与配置操作。

（一）Open vSwitch 基本概念

下面为 Open vSwitch 的一些基本概念。

Bridge：相当于一个虚拟的以太网交换机，在一台主机中可以创建一个或多个 Bridge。

Port：即端口，相当于物理交换机的端口，每个 Port 归属于一个 Bridge。

Interface：连接到 Port 的设备。原则上 Port 与 Interface 是一一对应的关系，但如果将 Port 配置为 bond 模式，则一个 Port 可以对应多个 Interface。

Controller：OpenFlow 控制器。虚拟化交换机可以同时接受一个或多个 OpenFlow 控制器的管理。

Datapath：负责数据交换，把从接收端口收到的数据包在流表中进行匹配。

Flow Table：每个 Datapath 都和一个 Flow Table 相关联，当 Datapath 收到数据包之后，虚拟化交换机会在 Flow Table 中查找可以匹配的 Flow，并执行相应的操作，如转发数据到另一个端口。

（二）安装 Open vSwitch

在宿主机终端执行以下命令，添加软件源，即软件下载路径，本例使用 Fedora 的 openstack-juno 源，也可添加其他可用的源：

#vi/etc/yum.repos.d××××.repo

其中，"××××"是用户自己指定的文件名。

使用 VI 编辑器，在上面的文件中写入以下内容：

```
[openstack-juno]
name=OpenStack Juno Repository
baseurl=https://repos.fedorapeople.org/openstack/EOL/openstack-juno/epel-7/
skip_if_unavailable=1
gpgcheck=0
gpgkey=file://etc/pkiprpm-gpg/RPM-GPG-KEY-RDO-Juno
priority=98
```

然后执行以下命令，进行 Open vSwitch 安装：

yum install-y openvswitch

安装完成后，执行以下命令，可以启动 Open vSwitch：

systemctl start openvswitch

也可执行以下命令，保证系统重启后 Open vSwitch 可以自动启动：

systemctl enable openvswitch

（三）配置 Open vSwitch

在实验环境的宿主机上配置双网卡 enp2s0 和 enp3s0，使用网卡 enp3s0 作为宿主机的管理端口，网卡 enp2s0 作为对外连接交换机的端口，供虚拟机对外连接使用。

1. 配置虚拟交换机网络

在宿主机终端执行以下命令，创建网桥 ovsbr0：

oVS-Vsctl add-br ovsbr0

然后执行以下命令，把网卡 enp2s0 分配给 ovsbr0，enp2s0 是物理网口的名称：

oVS-Vsctl add-port ovsbr0 enp2s0

使用 VI 编辑器，修改虚拟机配置文件，把新创建的网桥 ovsbr0 分配给虚拟机，代码如下：

```
<interface type='bridge'>
    <mac address='52:54:00:bb:84:f0'/>
    <source bridge='ovsbr0'/>
    <virtualport type='openvswitch'>
        <parameters interfaceid='537e5544-20d9-4379-9471-a12e1f829669'/>
    </virtualport>
    <model type='virtio'/>

    <address type='pci' domain='0x0000' bus='0x00' slot='0x03' function='0x0'/>
</interface>
```

在宿主机终端执行 ovs-vsctl show 命令，查看 OVS 的配置信息，查看结果如下：

```
# ovs-vsctl show
537e5544-20d9-4379-9471-a12e1f829669
    Bridge "ovsbr0"
        Port "mgmt0"
            Interface "mgmt0"
type: internal
        Port "enp2s0"
            Interface "enp2s0"
        Port "vnet0"
            Interface "vnet0"
        Port "ovsbr0"
            Interface "ovsbr0"
type: internal
ovs_version: "2.3.1"
```

2.配置 Open vSwitch bond

Linux bond 技术可以同时给两块网卡分配同一个 IP 地址，实现两块网卡的负载均衡或者互为备份，Open vSwitch 也支持这样的配置，即 Open vSwitch bond 功能。

Open vSwitch bond 常用的几种配置模式如下。

active-backup：在该模式下，链路（数据传输路径）会分配给其中一块物理网卡，如果这块物理网卡损坏，链路会切换到另外一块物理网卡。

balance-slb：在该模式下，网络负载会根据数据源的 MAC 地址和 VLAN ID 在物理网卡间均衡分配。

balance-tcp：与 balance-slb 模式类似，该模式可以根据数据源的 IP 地址、TCP 端口等均衡分配网络负载，但需要上游交换机支持，如果不满足条件，则会自动切换回 balance-slb。

第三节　桌面虚拟化技术

桌面虚拟化是指利用虚拟化技术将用户桌面的镜像文件存放到数据中心。用户可以把桌面镜像看作一个应用程序操作系统，终端用户通过虚拟显示协议访问桌面。这样做的目的是让用户体验如同在实体电脑上操作桌面的感觉。当用户关闭系统后，利用第三方配置文件管理软件，实现用户个性化定制，并且保护用户设置。桌面虚拟化对云计算用户来说是非常实用的，推动了云计算的发展。

一、桌面虚拟化简介

桌面虚拟化是基于中心服务器的计算机运作模型，沿用了传统瘦客户端模型，使终端用户和系统管理员共同获得两种应用方式的优点：一是在数据中心统一管理桌面虚拟机；二是网络管理员只需要维护中心服务器的系统，不必担心客户端计算机的应用程序更新问题。

与传统的远程桌面技术相比，桌面虚拟化技术与其有所不同。传统的远程桌面技术是接入一个安装在一个物理机器上的操作系统，只是远程控制的一种工具。虚拟化技术能够在一台物理硬件上安装两个以上的操作系统，降低维护成本，提高硬件利用率和计算机安全性。

第一代桌面虚拟化技术就可以在一台独立的计算机硬件平台上安装两个以上的操作系统，这也促进了桌面虚拟化技术的大规模应用。虚拟桌面的关键是让用户随时随地通过各种方式访问自己的桌面，实现远程访问。从用户角度分析，第一代桌面虚拟化实现了操作系统与硬件环境的脱离，计算机不再受物理机器的制约，一个人可以共享多个桌面，还可以互相访问。管理员可以集中控制计算机，不必像以往一样分散控制计算机，大大提高了管理性能。第二代桌面虚拟化技术进一步将桌面系统的运行环境与安装环境拆分，将应用与桌面拆分，从而提高了管理效率。

二、桌面虚拟化技术现状分析

桌面虚拟化随着虚拟化技术的发展而发展，用户的需求越来越多，若想满足这些用户的需求，相关的技术人员就必须不断提升虚拟化技术。到现在为止，桌面虚拟化技术已经得到了全面普及，但是现阶段的桌面虚拟化技术还是有一定的缺点的，在部署时要考虑以下几个风险问题。

（一）集中管理问题

虚拟服务器合并的风险较大，一台服务器安装多个系统，如果服务器的硬件出现故障，那么这台服务器上的所有系统将停止运行，给用户带来不小的损失。

（二）集中存储问题

在默认情况下，服务器上集中保存着用户的数据，服务器系统不清楚虚拟桌面占用多少存储空间，服务器的存储空间占用得越多，给服务器带来的存储压力越大。一个服务器上不管分划出多少个虚拟机，只要一个虚拟机出现运行故障，就会导致整体瘫痪。总体来说，与使用物理主机相比，虚拟机并没有更高的安全性。服务器出现了故障，用户会丢失数据，平台会进入瘫痪状态。

（三）虚拟化产品缺乏统一标准问题

目前，软件厂商在桌面虚拟化技术的标准上尚未达成共识，各虚拟化生产商之间的产品无法相互兼容。如果某个虚拟化生产商的某个型号停止生产，那么用户所用的服务器系统就不能升级，这会给用户带来经济上的损失。

（四）网络负载压力问题

桌面虚拟化技术的实用性较强，如何降低在互联网上的传输压力是人们需要关心的问题，目前桌面虚拟化技术还达不到 VDI 对高带宽的要求。如果互联网发生了故障，那么桌面虚拟化应用程序就不能运行，用户无法运行其应用程序。

第四节　存储虚拟化技术

一、硬盘虚拟化的类型及缓存模式

实施硬盘虚拟化时，需要针对不同的应用场景选择不同的硬盘类型和缓存模式。硬盘类型指系统可模拟的硬盘类型；缓存模式是模拟硬盘的工作模式，与硬盘类型无关。

（一）硬盘类型

KVM 支持 IDE、SATA、Virtio、Virtio SCSI 四种类型的硬盘，其中，IDE、SATA 是全虚拟化硬盘，Virtio、Virtio SCSI 是半虚拟化硬盘。CentOS 6.x 系统只支持 IDE 和 Virtio 两种硬盘类型，CentOS 7.x 系统则增加了对 SATA 和 Virtio SCSI 硬盘类型的支持。

IDE 虚拟硬盘的兼容性最好，在一些特定环境下，如必须使用低版本操作系统时，只能选择 IDE 硬盘，但是 KVM 虚拟机最多只能支持 4 个 IDE 虚拟硬盘，因此，对于较新版本的操作系统，建议使用 Virtio 驱动，系统性能会有较大提高，特别是 Windows 系统，要尽量使用最新版本的官方 Virtio 驱动。

（二）缓存模式

缓存是指数据交换的缓冲区，本章所讲的缓存是指硬盘的写入缓存，即系统要将数据写入硬盘时，会先将数据保存在内存空间，当满足可以写入的条件后，再将数据写入硬盘。

硬盘数据从虚拟机写入宿主机物理存储的过程如图 2-3 所示。虚拟硬盘的缓存模式就是虚拟化层和宿主机文件系统或块设备打开或者关闭缓存的组合方式。

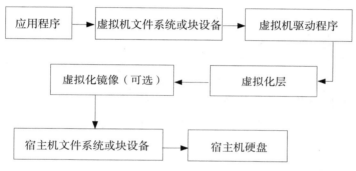

图 2-3 虚拟机数据存储过程

为 KVM 虚拟机配置硬盘的时候，可以指定多种缓存模式，但如果缓存模式使用不当，有可能会导致数据丢失，影响硬盘性能。另外，某些缓存模式与在线迁移功能也存在冲突。因此，要根据虚拟机的应用场景，选用最合适的缓存模式。

虚拟机硬盘接口可以配置的缓存模式主要有 writethrough、writeback、none、unsafe、directsync 等，如果没有指定，KVM 就会使用默认的缓存模式。

1. 默认缓存模式

在低于 1.2 版本的 QEMU-KVM 中，若未指定缓存模式，则默认使用 writethrough 模式；1.2 版本之后，大量 writeback 模式与 writethrough 模式的接口的语义问题得到修复，从而可以将默认缓存模式切换为 writeback；如果使用的虚拟硬盘为 IDE、Virtio 等类型，默认的缓存模式会被强制转换为 writethrough。另外，如果虚拟机安装 CentOS 操作系统，则默认的缓存模式为 none。

2. writethrough 模式

writethrough 模式下，虚拟机系统写入数据时会同时写入宿主机的缓存和硬盘，只有当宿主机接收到存储设备写入操作完成的通知后，宿主机才会通知虚拟机写入操作完成，即系统是同步的，虚拟机不会发出刷新指令。

3. writeback 模式

writeback 模式下，系统是异步的，它使用宿主机的缓存，当虚拟机将数据写入宿主机缓存后，会立刻收到写操作已完成的通知，但此时宿主机尚未将数据真正写入存储系统，而是留待之后合适的时机再写入。writeback 模式虽然速度快，但风险比较大，因为如果宿主机突然停电关闭，就会丢失一部分虚拟机的数据。

4. none 模式

none 模式下，系统可以绕过宿主机的页面缓存，直接在虚拟机的用户空间缓存和宿主机的存储设备之间进行 I/O 操作。存储设备在数据被放进写入队列时就会通知虚拟机数据写入操作完成，虚拟机的存储控制器报告有回写缓存，因此，虚拟机在需要保证数据一致性时会发出刷新指令，相当于直接访问主机硬盘，性能较高。

5. unsafe 模式

unsafe 模式下，虚拟机发出的所有刷新指令都会被忽略，所以丢失数据的风险很大，但会提高性能。

6. directsync 模式

directsync 模式下，只有数据被写入宿主机的存储设备，虚拟机系统才会接到写入操作完成的通知，绕过了宿主机的页面缓存，虚拟机无须发出刷新指令。

各主要缓存模式的比较如表 2-1 所示。

表 2-1　主要缓存模式比较

缓存模式	宿主机缓存	虚拟机缓存
writethrough	on	off
writeback	on	on
none	off	on
unsafe	off	ignore
directsync	off	off

注：on 表示写入数据；off 表示不写入数据；ignore 表示忽略此操作。

综上所述，writethrough、none、directsync 三种模式相对安全，有利于保持数据的一致性。其中，writethrough 模式通常用于单机虚拟化场景，在宿主机突然断电或者宕机时不会造成数据丢失；none 模式通常用于需要进行虚拟机在线迁移的环境，主要是虚拟化集群；directsync 适用于对数据安全要求较高的数据库，使用这种模式会直接将数据写入存储设备，降低了中间过程丢失数据的风险。

此外，writeback 模式依靠虚拟机发起的刷新硬盘命令保持数据的一致性，提高虚拟机性能，但有丢失数据的风险，主要用于测试环境；unsafe 模式类似 writeback，性能最好，但是会忽略虚拟机的刷新硬盘命令，风险最高，一般用于系统安装。

二、虚拟机镜像管理

KVM 虚拟机镜像有两种存储方式：一种是存储在文件系统上；另一种是存储在裸设备上。存储在文件系统上的镜像支持多种格式，常用的有 raw 和 qcow2 等；存储在裸设备上的数据由系统直接读取，没有文件系统格式。一般情况下，用户使用 qemu-img 命令对镜像进行创建、查看、格式转换等操作。

（一）常用镜像格式

目前，比较常用的虚拟机镜像格式有 raw、cloop、cow、qcow、qcow2 等，需要根据不同的应用场景，选用最适合的镜像格式。

1. raw

一种简单的二进制文件格式，会一次性占用完所分配的硬盘空间。raw 格式支持稀疏文件特性（文件系统会把分配的空字节文件记录在元数据里，而不会占用真实的硬盘空间），Linux 的 EXT4、XFS 文件系统，Windows 的 NTFS 文件系统也都支持这一特性。

2.cloop

压缩的 lop 格式，主要用于可直接引导的 U 盘或者光盘。

3.cow

一种类似 raw 的格式，创建时一次性占用完所分配的硬盘空间，但会用一个表来记录哪些扇区被使用，所以可以使用增量镜像，但不支持 Windows 虚拟机。

4.qcow

一种过渡格式，功能不及 qcow2，读写性能又不及 cow 和 raw 格式，但该格式在 cow 的基础上增加了动态调整文件大小的功能，且支持加密和压缩。

5. qcow2

一种功能较为全面的格式，支持内部快照、加密、压缩等功能，读写性能也比较好。

（二）镜像的创建及查看

创建镜像主要使用 qemu-img 命令的 create 功能，这里只介绍创建 raw 和 qcow2 这两种最常用镜像格式的方法。

1. 创建镜像

在宿主机终端执行 qemu-img create 命令，创建镜像。可以在命令中使用参数 –f 指定镜像格式，如果不指定，则默认为 raw 格式。

例如，创建一个大小为 2 GB，格式为 raw，文件名为 test.raw 的镜像，命令如下：

qemu-img create test.raw 2G

Formatting 'test.raw'，fmt=raw size=2147483648

创建一个大小为 2GB，格式为 qcow2，文件名为 test.qcow2 的镜像，命令如下：

qemu-img create test.qcow2 –f qcow22G

Formating 'test.qcow2'，fmt=aqcow2 size=2147483648 encryption off cluster size=65536 lazy. refcounts=off

2. 查看镜像信息

执行 qemu-img info 命令，查看镜像文件 test.raw 和 test.qcow2 的信息，结果如下：

```
# qemu-img info test.raw
image: test.raw
file format: raw
virtual size: 2.0G (2147483648 bytes)
disk size: 0
# qemu-img info test.qcow2
image: test.qcow2
file format: qcow2
virtual size: 2.0G (2147483648 bytes)
disk size: 196K
cluster_size: 65536
Format specific information:
    compat: 1.1
    lazy refcounts: false
```

注意，使用 qemu-img info 命令查看 raw 格式的镜像文件，会显示其本来分配的大小与实际已占用的硬盘空间大小，而使用该命令查看 qcow2 格式的镜像文件，除显示其本来分配的大小与已占用硬盘空间的大小以外，如果文件有快照，还会显示其快照的信息。

执行 ls 和 du 命令，可以看到两种不同格式的镜像在硬盘空间使用方面的差别：

```
# ls -lh test*
-rw-r--r--. l root root 2.0G Dec  9 00:31 test.raw
-rw-r--r--. l root root 193K Dec  9 00:31 test.qcow2
# du -h test*
0       test.raw
196K    test.qcow2
```

其中，-1 表示以单列格式输出信息，-h 表示以 KB、MB、GB 为单位。由于两个镜像文件都创建于 EXT4 文件系统上，而 EXT4 支持稀疏特性，所以镜像 test.raw 用 ls 命令查看时是 2 GB，而用 du 命令查看时是 0 GB，但镜像 test.qcow2 使用的是 qcow2 格式，所以用两个命令查看时，显示的都是目前实际占用空间的大小。

（三）镜像格式转换、压缩和加密

镜像格式转换主要用于在不同虚拟机之间转换镜像，从而实现虚拟机的跨平台迁移；镜像的压缩和加密主要用于虚拟机迁移过程中，防止镜像在网上传输时被窃取。通常使用 qemu-img 命令的 convert 功能，对镜像进行格式转换、压缩和加密解密操作。

1. 转换镜像格式

在宿主机终端执行 qemu-img convert 命令，可以进行镜像格式的转换，示例如下：

```
# qemu-img convert -p -f raw -O qcow2 test.raw test1.qcow2
    (100.00/100%)
```

其中，参数 –p 用于显示转换进度，参数 –f 用于指定原镜像格式，参数 –O 用于指定输出镜像格式，后面跟输入文件（test）和输出文件（test1 .qcow2），中间用空格隔开。

转换完毕，使用 ls 和 du 命令，查看转换前后的镜像文件大小对比，结果如下：

```
# ls -lh test*
-rw-r--r--. 1 root root 2.0G Dec  9 00:31 test.raw
-rw-r--r--. 1 root root196K Dec  9 00:55 test1.qcow2
-rw-r--r--. 1 root root196K Dec  9 00:31 test.qcow2
# du -h test*
0       test.raw
196K    test1.qcow2
196K    test.qcow2
```

可以看到，转换后的镜像 test1.qcow2 的占用空间比转换前的镜像 test.raw 小了非常多。

执行 qemu-img info 命令，查看转换后的 test1.qcow2 镜像文件信息，结果如下：

```
# qemu-img info test1.qcow2

image: test1.qcow2
file format: qcow2
virtual size: 2.0G (2147483648 bytes)
disk size: 196K
cluster_size: 65536
Format specific information:
    compat: 1.1
    lazy refcounts: false
```

可以看到，原来占用 2 GB 空间的 raw 格式文件 test.raw 已成功转换为 qcow2 格式文件 test.qcow2，现在的占用空间仅为 196 KB。

2. 压缩和加密镜像

当有大量镜像需要通过网络传输的时候，对镜像进行压缩的优势就体现出来了。执行以下命令，可以对镜像文件进行压缩：

```
#qemu-img convert-c-f qcow2-O qcow2 test.qcow2 test-c.qcow2
```

其中，参数 –c 用于对输出的镜像文件进行压缩，参数 –f 用于指定原有的镜像格式，参数 –O 用于指定输出的镜像格式，后面跟输入的镜像文件和输出的镜像文件。

注意，只有 qcow2 格式的镜像文件支持压缩，压缩时使用 zlib 算法，按块级别进行压缩，生成的压缩文件是只读属性，此时如果重写该文件，则该文件会变成非压缩文件。

使用 aes 算法，可以对 qcow2 格式的镜像文件进行加密，代码如下：

```
#qemu-img convert-f qcow2-O qcow2 test.qcow2 test-aes.qcow2-o encryption
```

注意，后一个参数 –o 是小写，用来指定各种选项，如后端镜像、文件大小、是否加密等，本例中的选项值"encryption"表示进行加密。

命令执行完毕后，系统会提示输入密码：

```
Disk image 'test-aes.qcow2' is encrypted.

password：
```

然后执行 qemu-img info 命令，查看加密后的镜像文件信息，结果如下：

```
# qemu-img info test-aes.qcow2
image: test-aes.qcow2
file format: qcow2
virtual size: 20G (21474836480 bytes)
disk size: 4.1G
encrypted: yes
cluster_size: 65536
Format specific information:
compat: 1.1
lazy refcounts: false
```

可以看到，镜像文件 test-aes.qcow2 已经被加密。如果要解密该镜像文件，则需使用以下命令：

```
# qemu-img convert -f qcow2 test-aes.qcow2 -O qcow2 test-de.qcow2
Disk image 'test-aes.qcow2' is encrypted.
password:
```

按提示输入正确的密码后，即可输出解密后的镜像文件。加密过的镜像文件可以用于镜像的传输，满足保密的需要。

（四）镜像快照

镜像快照可用于在紧急情况下恢复系统，但会对系统性能产生影响。如果是应用于生产环境的系统，建议根据需要创建一次快照即可。目前，只有使用 qcow2 格式的镜像文件支持快照，其他镜像文件格式暂不支持此功能。

使用 qemu-img snapshot 命令，可以创建并管理镜像快照，示例如下。

1. 创建快照

在宿主机终端执行以下命令，为镜像文件 test.qcow2 创建一个名为 snap1 的快照：

#qemu-img snapshot test.qcow2-c snap1

其中，参数 -c 用于指定创建一个快照。

2. 查看镜像快照

执行以下命令，可以查看镜像文件 test.qcow2 的快照：

```
#qemu-img snapshot test.qcow2 -l
Snapshot list:
```

ID	TAG	VM SIZE	DATE	VM CLOCK
1	snap1	0	2016-12-20 10:50:11	00:00:00.000
2	snap2	0	2016-12-20 10:50:49	00:00:00.000

其中，参数 -l 用于查看并列出镜像文件的所有快照，镜像文件的名称可以写在 -l 的前面或后面。

3. 删除快照

执行以下命令，可以删除镜像文件 test.qcow2 的快照 snap2：

qemu-img snapshot test.qcow2 -d snap2

其中，参数 -d 用于指定删除的快照。

4. 还原快照

执行以下命令，可以还原镜像文件 test.qcow2 的快照 snap2：

qemu-img snapshot test.qcow2 -a snap2

其中，参数 -a 用于指定需还原的快照。

5. 提取快照镜像

执行以下命令，可以单独提取镜像文件 test.qcow2 的快照 snap1 的镜像文件 test-snap1.qcow2：

qemu-img convert -f qcow2 -O qcow2 -s snap1 test.qcow2 test-snap1.qcow2

其中，参数 -s 用于指定需提取镜像的快照。

（五）后备镜像差量管理

后备镜像差量是指多台虚拟机共用同一个后备镜像，进行写入操作时，会把数据写入自己所用的镜像，被写入数据的镜像称为差量镜像。后备镜像可以是 raw 格式或者 qcow2 格式，但是差量镜像只支持 qcow2 格式。

后备镜像差量的优点如下：

（1）可以快速生成虚拟机的镜像。

（2）可以节省硬盘空间。

下面介绍后备镜像差量管理的几种基本操作。

1. 指定后备镜像

在宿主机终端执行以下命令，创建差量镜像 test.bk .qcow2，并在命令中使用参数 -b，指定其后备镜像 test.qcow2：

```
# qemu-img create -f qcow2 -b test.qcow2 test.bk.qcow2
Formatting 'test.bk.qcow2', fmt=qcow2 size=21474836480 backing_file='test.qcow2' encryption=off
cluster_size=65536 lazy_refcounts=off
```

执行 qemu-img info 命令，查看创建的差量镜像，结果如下：

```
# qemu-img info test.bk.qcow2
image: test.bk.qcow2
file format: qcow2
virtual size: 20G (21474836480 bytes)
disk size: 196K
cluster_size: 65536
backing file: test.qcow2
Format specific information:
    compat: 1.1
    lazy refcounts: false
```

可以在结果的 "backing file" 一项中看到其后备镜像 test.qcow2 的信息。

2. 差量镜像转换为普通镜像

执行以下命令，将差量镜像 test.bk.qcow2 转换为普通镜像 test.bk.c.qcow2：

qemu-img convert -f qcow2 -O qcow2 test.bk .qcow2 test.bk.c.qcow2

执行 qemu-img info 命令，查看普通镜像 test.bk.c.qcow2 的信息，结果如下：

qemu-img info test.bk.c.qcow2

image : test.bk.c.qcow2

file format：qcow2

virtual size：20G（21474836480 bytes）

disk size：6.5G

cluster-size：65536

Format specific information：

compat：1.1

lazy refcounts：false

3. 更换差量镜像的后备镜像

使用 qemu-img rebase 命令，可以更换后备镜像。若该命令包含参数 -u，表明为非安全模式，系统只会进行镜像的更换；若该命令不包含参数 -u，系统会比对新、旧后备镜像的差异，并以新镜像为标准进行更换。

例如，qemu-img rebase 命令包含参数 -u 时，更换后备镜像的代码如下：

qemu-img rebase -u -b test.bk.c.qcow2 test.bk.qcow2

其中，test.bk.qcow2 为当前后备镜像，test.bk.c.qcow2 为待更换的后备镜像。

执行 qemu-img info 命令，查看更换后的镜像，结果如下：

```
# qemu-img info test.bk.qcow2
image: test.bk.qcow2
file format: qcow2
virtual size: 20G (21474836480 bytes)
disk size: 196K
cluster_size: 65536
backing file: test.bk.c.qcow2
Format specific information:
    compat: 1.1
    lazy refcounts: false
```

可以看到，后备镜像 test.bk.qcow2 已经更换为 test.bk.c.qcow2。

命令不包含参数 -u 时，更换后备镜像的代码如下：

qemu-img rebase -b test.bk.c.qcow2 test.bk.qcow2

执行 qemu-img info 命令，查看更换后的镜像，结果如下：

qemu-img info test.bk.qcow2

image：test.bk.qcow2

file format：qcow2

virtual size：20G（21474836480 bytes）

disk size：196K

cluster-size：65536

backing file：test.bk.c.qcow2

Format specific information：

compat：1.1

由于该命令不包含参数 -u，所以系统会比对新、旧后备镜像的差异（如果原后备镜像已经写入很多数据，执行时间会比较长），然后以新镜像 test.bk.c.qcow2 为标准进行更换。

使用后备镜像差量方式可以快速生成大量虚拟机，节省硬盘空间。鉴于一般情况下后备镜像的压力主要集中在写入环节，读取环节的压力并不大，因此，可以将后备镜像和差量镜像分散存放到不同的存储设备上，这样也有助于保护镜像的安全。但要注意的是，使用这种方式创建的大量虚拟机在第一次启动的时候，会给 I/O 造成非常大的压力。另外，还要注意经常备份，以保证镜像的安全。

（六）修改镜像容量

在 qemu-img 命令中使用参数 resize，可以修改镜像的大小，但是不能修改镜像内的文件系统，基本操作如下。

1. 增大镜像容量

在宿主机终端执行 qemu-img info 命令，查看镜像 test.qcow2 的信息，结果如下：

qemu-img info test.qcow2

image：test.qcow2

file format：qcow2

virtual size：20G（21474836480 bytes）

disk size：3.5G

cluster_ size：65536

Format specific information：

compat：1.1

lazy refcounts：false

可以看到，修改前，镜像 test.qcow2 的空间容量大小为 20 GB。

执行以下命令，为镜像 test.qcow2 增加 10 GB 的空间容量：

qemu-img resize test.qcow2 + 10G

Image resized.

执行 qemu-img info 命令，可以看到调整后的镜像 test.qcow2 的空间容量为 30 GB：

qemu-img info test.gcow2

image : test.qcow2

file format : qcow2

virtual size : 30G（32212254720 bytes）

disk size : 3.5G

cluster-size : 65536

Format specific information :

compat : 1.1

lazy refcounts : false

也可以执行以下命令，直接指定修改后的镜像 test.qcow2 的空间容量：

qemu-img resize test.qcow2 40G

Image resized.

执行 qemu-img info 命令，可以看到调整后的镜像 test.qcow2 的容量为指定的 40 GB：

qemu-img info test.qcow2

image : test.qcow2

file format : qcow2

virtual size : 40G（42949672960 bytes）

disk size : 3.5G

cluster_ size : 65536

Format specific information :

compat : 1.1

lazy refcounts : false

注意，已创建快照的 qcow2 格式镜像不允许修改空间容量，否则会报错，示例如下：

qemu-img resize test.qcow2 +1G

qemu-img : Can't resize an image which has snapshots

qemu-img : This image does not support resize

对于这种情况，可先将快照删除，再修改镜像的空间容量大小。

2. 缩小镜像容量

qcow2 格式的镜像文件只能增大，不能缩小，否则会报错，示例如下：

qemu-img resize test.qcow2 30G

qemu-img : qcow2 doesn't support shrinking images yet

qemu-img : This image does not support resize

但是，raw 格式的镜像文件可以缩小，具体操作步骤如下。

首先，执行 qemu-img info 命令，查看镜像 test.raw 的信息，结果如下：

qemu-img info test.raw

image : test.raw

file format : raw

virtual size : 20G（21474836480 bytes）

disk size : 0

然后执行以下命令，将镜像 test.raw 的空间容量缩小到 10 GB：

qemu-img resize test.raw 10G

Image resized.

执行 qemu-img info 命令，可以看到镜像 test.raw 的空间容量已缩小：

qemu-img info test.raw

image : test.raw

file format : raw

virtual size : 10G（10737418240 bytes）

disk size : 0

注意，缩小镜像文件前，需要先在虚拟机内缩小文件系统和分区，以防丢失文件。

第五节　应用虚拟化技术

应用虚拟化是将应用程序与操作系统解耦合，为应用程序提供一个虚拟的运行环境，把应用对低层的系统硬件的依赖抽象出来，可以解决版本不兼容的问题。

传统的客户—服务器端应用要求在每个用户的计算机上安装客户端软件，从而导致过高的成本，因为需要在分布式网络上管理这些软件的部署、补丁和升级。这个问题随着用户登录到每个新应用系统的需求量的增长而日趋严重，因为 IT 部门需要在每个用户的桌面上部署另一个独特的客户端设备。即使在最讲究战术的接入服务场景中，应用虚拟化可以带来的成本效益也是相当诱人的。通过将 IT 系统的管理集中起来，企业能够同时实现各种不同的效益：从带宽成本节约到提高 IT 效率和员工生产力，以及延长陈旧的或当前的系统的寿命，等等。应用虚拟化技术的主要优势包括以下几点。

一、数据安全

由于应用虚拟化软件只是将运行的图像更新通过网络传输，显示在远程设备的显示设备上，数据与文件不会通过网络进行传输，而且由于只需要开一个端口，即使不怀好意者截取数据包，图像的差异变化也很难恢复原有数据，利用加密手段，整个系统的安全性将得到大大提高。

二、高效管理

应用虚拟化软件将操作系统的安装、运行环境与用户实际的操作环境进行分离，实现了 OS 的管理和使用的分离，实现了便捷、完整的生命周期管理。

三、降低 TCO

减少投资成本：客户端可以采用瘦客户端，投资成本只需传统 PC 的 50%，同时延长现有设备使用寿命，能够将年折旧费减少 50%。

减少运行维护成本：一个传统专业机房管理员最多只能管理 90 台桌面，而使用应用虚拟化软件，一个管理员可以管理几乎所有的桌面，运维成本大幅降低。

降低运行成本：瘦客户端的功率只相当于传统 PC 的 1/6，使用应用虚拟化软件可以减少近 80% 的电量消耗。

目前，主流的应用虚拟化厂商有 Citrix、VMware 以及微软。

目前来看，上述三大厂商采用了不同的拆分技术。VMware 采用物理的拆分方法，即基于服务器的差异磁盘的技术，实现差异的镜像，如 200 个用户可以使用一个共同的"主磁盘"xp 镜像以及每个用户自己的差异信息，包括应用程序与配置信息，使用时将两者结合提供服务，这种完全基于二进制的拆分方法是典型的服务器虚拟化厂商的技术，但是这种技术仍然要求管理员对每个用户的镜像进行一定程度的管理。

而 Citrix 作为应用虚拟化的传统厂商，采用了自己很成熟的"逻辑"拆分法，按照逻辑分类将其进行拆分，即对操作系统、应用与配置文件进行拆分，用时进行按需组装，这样能够保证不同逻辑单元的相互独立性，防止一方面发生变化，对其他方面造成影响，如应用与系统的升级和维护。

微软介于以上两者之间，根据官方的介绍，用户可以把自己制作好的虚拟机上传到服务器上，这是一种用户与镜像一一对应的管理方法。当然微软自己具有 Terminal Service 和 RDP，可以采用和 Citrix 一样的方法，而它又有 SoftGrid 与 Virtual Server 的差异磁盘技术，也可以采用 VMware 的技术路线。

第三章　新时代背景下云计算架构创新发展

第一节　基本云架构

一、负载分布架构

通过增加一个或多个相同的 IT 资源可以进行 IT 资源水平扩展，而提供运行时逻辑的负载均衡器能够在可用 IT 资源上均匀分配工作负载（图 3-1）。由此产生的负载分布架构在一定程度上依靠复杂的负载均衡算法和运行时逻辑，从而减少 IT 资源的过度使用和使用率不足的情况。

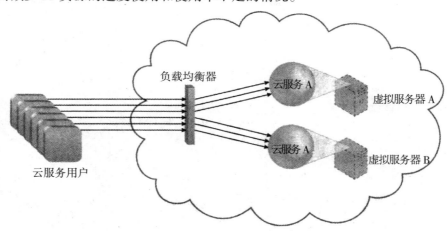

图 3-1　负载均衡器分配工作负载

负载分布常常可以用来支持分布式虚拟服务器、云存储设备和云服务，因此，这种基本架构模型可以应用于任何 IT 资源。结合负载均衡的各个方面，应用于特殊 IT 资源的负载均衡系统通常会形成这种架构的特殊变化。

该云架构的组成部分：

（1）基本负载均衡器机制。

（2）可以应用负载均衡的虚拟服务器。

（3）云存储设备机制。

（4）审计监控器。

（5）云使用监控器。

（6）虚拟机监控器。

（7）逻辑网络边界。

（8）资源集群。

（9）资源复制。

二、资源池架构

资源池架构以使用一个或多个资源池为基础，其中相同的 IT 资源由一个系统进行分组和维护，以自动确保它们保持同步。

常见的资源池有物理服务器池、虚拟服务器池、存储池、网络池、CPU 池、内存池。

可以为每种类型的 IT 资源创建专用池，也可以将单个池集合为一个更大的池，在这个更大的资源池中，每个单独的池成为子资源池（图 3-2）。

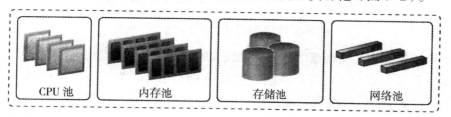

图 3-2　资源池示例

如果特殊云用户或应用需创建多个资源池，那么资源池就会变得非常复杂。资源池可以建立层次结构，形成资源池之间的父子、兄弟和嵌套关系，从而满足不同的资源池需求（图 3-3）。

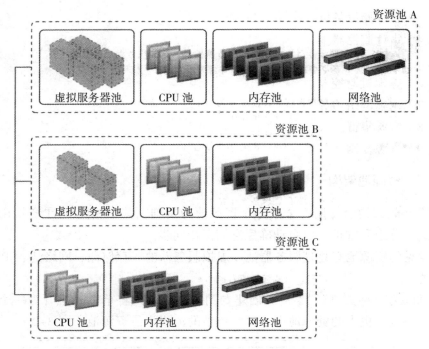

图 3-3 资源池父子、兄弟和嵌套关系图

　　资源池 B 和 C 是同级的，都来自较大的资源池 A，并已经分配给云用户了。这是一种替代方法，使得资源池 B 和 C 的 IT 资源不需要从云共享的通用 IT 资源储备池中获得。同级资源池通常来自物理上分为一组的 IT 资源，而不是来自分布在不同数据中心内的 IT 资源。同级资源池之间是相互隔离的，因此，云用户只能访问各自的资源池。

　　在嵌套资源池模型中，较大的资源池被分解成较小的资源池，每个小资源池分别包含与大资源池相同类型的 IT 资源（图 3-4）。嵌套资源池可以用于向同一个云用户组织的不同部门分配资源池。

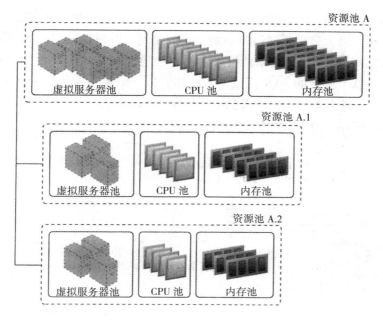

图 3-4　嵌套资源池

嵌套资源池 A.1 和 A.2 包含的 IT 资源与资源池 A 相同，只是在数量上有差异。嵌套资源池通常用于云服务供给，这些云服务需要用具有相同配置的同类型 IT 资源进行快速实例化。

三、动态可扩展架构

动态可扩展架构是一个架构模型，它基于预先定义扩展条件的系统，触发这些条件会导致从资源池中动态分配 IT 资源。由于不需人工交互就可以有效地回收不必要的 IT 资源，所以动态分配使资源的使用可以按照使用需求的变化而变化。

自动扩展监听器配置了负载阈值，以决定何时为工作负载的处理添加新 IT 资源。根据给定云用户的供给合同条款来提供该机制，并配以决定可动态提供的额外 IT 资源数量的逻辑。

常用的动态扩展类型有以下几个。

动态垂直扩展：当需要调整单个 IT 资源的处理容量时，向上或向下扩展 IT 资源实例。比如，当一个虚拟服务器超负荷时，可以动态增加其内存容量，或者增加一个处理内核。

动态水平扩展：向内或向外扩展 IT 资源实例，以便处理工作负载的变化。按照需求和权限，自动扩展监听器请求资源复制，并发信号启动 IT 资源复制。

动态重定位：将 IT 资源重新放置到更大容量的主机上。比如，将一个数据库从一个基于磁带的 SAN 存储设备迁移到另一个基于磁盘的 SAN 存储设备，前者的 I/O 容量为 4 GB/s，后者的 I/O 容量为 8 GB/s。

图 3-5 至图 3-7 显示了动态水平扩展的过程。

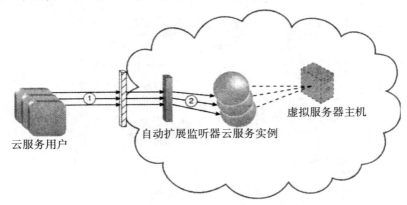

图 3-5　云服务用户向云服务发送请求

云服务用户向云服务发送请求①。自动扩展监听器监视该云服务，判断预定义的容量阈值是否已经超过②。

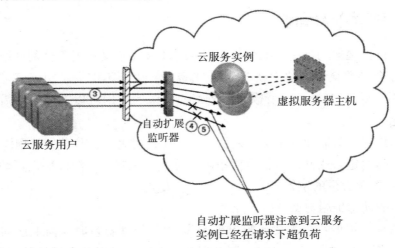

图 3-6　云服务动态可扩展过程

云服务用户的请求数量增加③。工作负载已超过性能阈值。根据预先定义的扩展规则，自动扩展监听器决定下一步的操作④。如果云服务的实现被认为适合扩展，则自动扩展监听器启动扩展过程⑤。

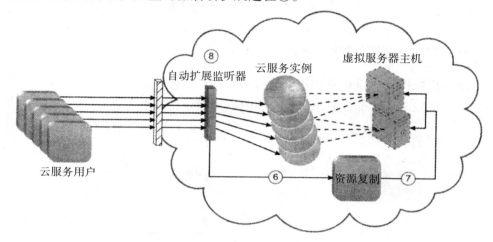

图 3-7　云服务自动扩展架构

自动扩展监听器向资源复制机制发送信号⑥，创建更多的云服务实例⑦。

现在，增加的工作负载可以得到满足，自动扩展监听器根据请求，继续监控并增加或减少 IT 资源⑧。

动态扩展架构可以应用于一系列 IT 资源，包括虚拟服务器和云存储设备。除了核心的自动扩展监听器和资源复制机制之外，下述机制也被用于这种形式的云架构：

（1）云使用监控器。

（2）虚拟机监控器。

（3）按使用付费监控器。

第二节　高级云架构

一、虚拟机监控器集群架构

虚拟机监控器可以负责创建和管理多个虚拟服务器。因此，任何影响虚拟机监控器失效的状况都会波及由其管理的虚拟服务器（图 3-8）。

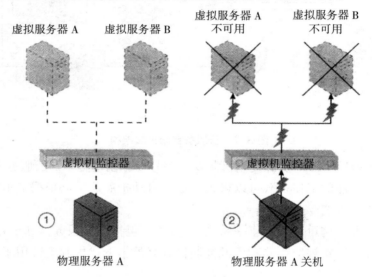

图 3-8　虚拟监控器及被波及虚拟服务器

物理服务器 A 上安装了用于管理虚拟服务器 A 和 B 的虚拟机监控器①。当物理服务器 A 失效时，虚拟机监控器和两个虚拟服务器也会随之失效②。

虚拟机监控器集群架构建立了一个跨多个物理服务器的高可用性虚拟机监控器集群。如果一个给定的虚拟机监控器或其底层物理服务器变得不可用，则被其托管的虚拟机服务器可迁移到另一物理服务器或虚拟机监控器上来保持运行时的操作（图 3-9）。

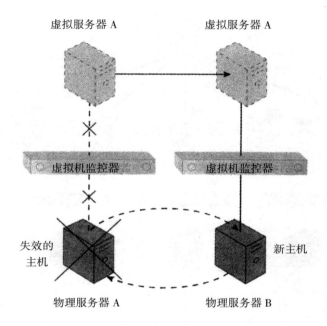

图 3-9　被托管虚拟机服务器运行操作图

物理服务器 A 变得不可用，导致其虚拟机监控器失效。虚拟服务器 A 迁移到物理服务器 B 上，物理服务器 B 有另一个虚拟机监控器，且与物理服务器 A 属于同一个集群。

虚拟机监控器集群由中心 VIM 控制。VIM 向虚拟机监控器发送常规心跳消息来确认虚拟机监控器是否在运行。心跳消息未被应答将使 VIM 启动 VM 在线迁移程序，以动态地将受影响的虚拟机监控器移动到一个新的主机上。

虚拟机监控器集群使用共享云存储设备来实现虚拟服务器的在线迁移，如图 3-10 至图 3-13 所示。

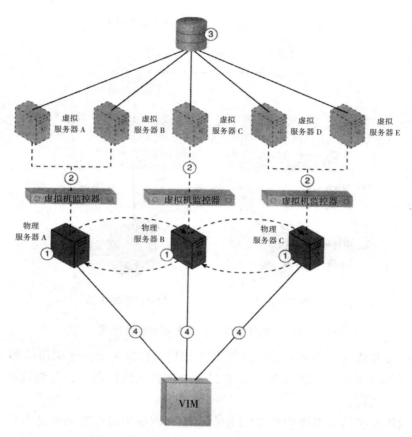

图 3-10　虚拟机监控集群中心 VIM 控制图（1）

　　虚拟机监控器安装在物理服务器 A、B 和 C 上①。虚拟机监控器创建虚拟服务器②。部署一个包含虚拟服务器配置文件且所有虚拟机监控器都可以访问到的共享云存储设备③。通过中心 VIM，虚拟机监控器集群在三个物理服务器上可用④。

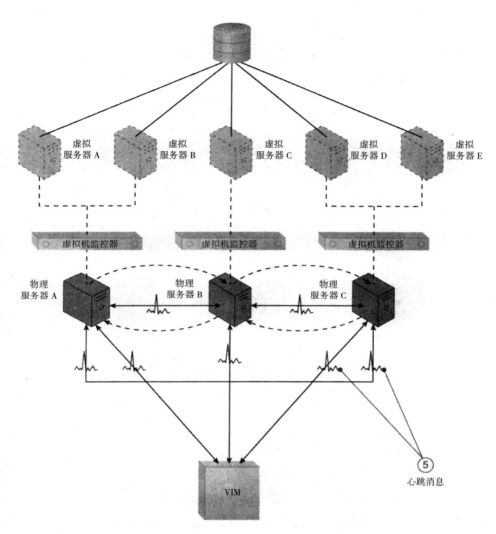

图 3-11 虚拟机监控集群中心 VIM 控制图（2）

按照预先定义好的计划，物理服务器之间及其和 VIM 之间相互交换心跳消息⑤。

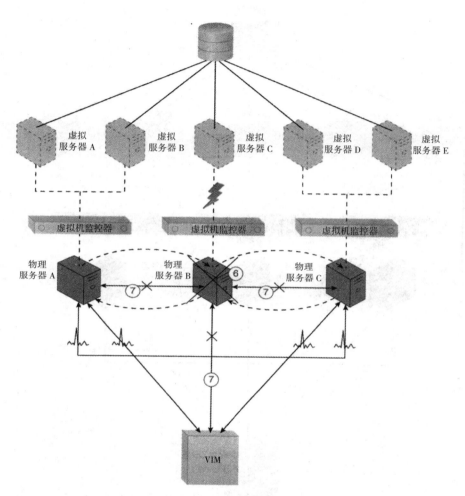

图 3-12　虚拟机监控集群中心 VIM 控制图（3）

　　物理服务器 B 失效且变得不可用，危及虚拟服务器 C ⑥。其余的物理服务器和 VIM 停止收到来自物理服务器 B 的心跳消息⑦。

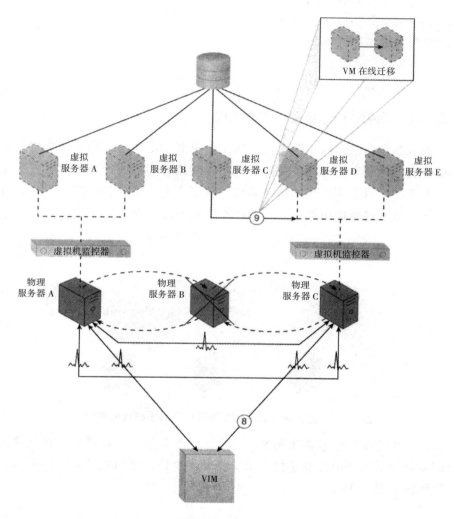

图 3-13 虚拟机监控集群中心 VIM 控制图（4）

在评估了集群中其他虚拟机监控器的可用容量之后，VIM 选择物理服务器 C 作为虚拟服务器 C 的新主机⑧。虚拟服务器 C 在线迁移到物理服务器 C 上运行的虚拟机监控器上，在正常操作继续进行前，可能需要重启虚拟服务器 C ⑨。

该架构的核心机制：

（1）虚拟机监控器。

（2）资源集群机制。

（3）收到集群环境保护的虚拟服务器。

该架构还可添加的机制：

（1）逻辑网络边界。

（2）资源复制。

二、负载均衡的虚拟服务器实例架构

在物理服务器之间保持跨服务器的工作负载均衡是很难的一件事情，因为物理服务器的运行和管理是互相隔离的。这就很容易造成一个物理服务器比它的邻近服务器承载更多的虚拟服务器或收到更高的工作负载（图 3-14）。物理服务器的过低或过高使用都可能带来性能挑战和持续的浪费。

虚拟服务器在主机间正确地分布

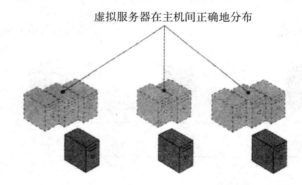

图 3-14　虚拟服务器实例在物理服务器主机间分布图

负载均衡的虚拟服务器实例架构建立了一个容量看门狗系统，在把处理任务分配到可用的物理服务器主机之前，会动态地计算虚拟服务器实例及其相关的工作负载（图 3-15）。

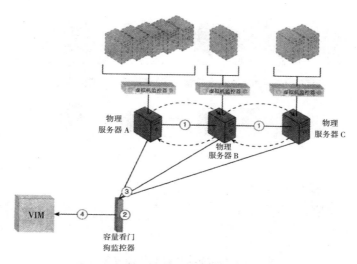

图 3-15 虚拟机监控集群图

虚拟机监控器集群提供了一个基础，在此基础上构建了负载均衡的虚拟服务器架构①。为容量看门狗监控器设定策略和阈值②，监控器比较物理服务器的容量以及虚拟服务器要求的处理能力③。容量看门狗监控器向 VIM 报告过度使用的情况。

容量看门狗系统由以下部分组成：容量看门狗云使用监控器、VM 在线迁移程序和容量计划器。容量看门狗监控器追踪物理和虚拟服务器的使用，并向容量计划器报告任何明显的波动，容量计划器负责动态地计算和比较物理服务器的计算能力和虚拟服务器容量的要求。VIM 向负载均衡器发信号，让它们根据预先定义的阈值重新分配工作负载。负载均衡器启动 VM 在线迁移程序来移动虚拟服务器（图 3-16 和图 3-17）。

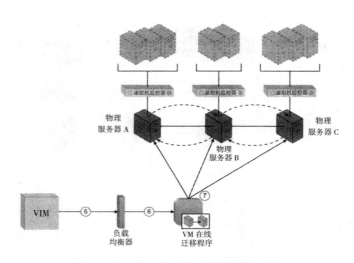

图 3-16　VIM 给负载均衡器发信号图

　　VIM 给负载均衡器发信号，让它根据预先定义的阈值重新分配工作负载⑤。负载均衡器启动 VM 在线迁移程序来移动虚拟服务器⑥。VM 在线迁移程序把选中的虚拟服务器从一台物理主机移到另一台物理主机⑦。

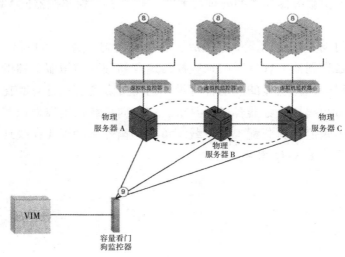

图 3-17　集群中的物理服务器

　　集群中的物理服务器之间的工作负载是均衡的⑧。容量看门狗监控器继续监控工作负载和资源消耗⑨。

除了虚拟机监控器、资源集群、虚拟服务器和容量看门狗监控器之外，这个架构还可以包含下述机制。

（1）自动伸缩监听器

自动伸缩监听器可以用来启动负载均衡的过程，通过虚拟机监控器动态地监控进入每个虚拟服务器的工作负载。

（2）负载均衡器

负载均衡器机制负责在虚拟机监控器之间分配虚拟服务器的工作负载。

（3）逻辑网络边界

逻辑网络边界保证一个给定的虚拟服务器的重新定位的目的地仍然是遵守SLA 和隐私规定的。

（4）资源复制

虚拟服务器实例的复制可被要求作为负载均衡功能的一部分。

三、不中断服务重定位架构

造成云服务不可用的原因有很多，如运行时使用需求超出了它的处理能力，维护更新要求必须暂时中断，永久地迁移至新的物理服务器主机。

如果一个云服务变得不可用，云服务用户的请求通常会被拒绝，这样有可能会导致异常的情况。即使中断是计划之中的，也不希望发生云服务对云用户暂时不可用的情况。

不中断服务重定位架构是这样一个系统：通过这个系统，预先定义的事件触发云服务实现运行时的复制或迁移，因而避免了中断。通过在新主机上增加一个复制的实现，云服务的活动在运行时可被暂时转移到另一个承载环境上，而不是利用冗余的实现对云服务进行伸缩。类似地，当原始的实现因维护需要中断时，云服务用户的请求也可以被暂时重定向到一个复制的实现。云服务实现和任何云服务活动的重定位也可以是把云服务迁移到新的物理主机上。

该架构一个关键的方面是要保证在原始的云服务实现被移除或删除之前，新的云服务实现能够成功地接收和响应云服务用户的请求。一种常见的方法是采用 VM 在线迁移，移动整个承载该云服务的虚拟服务器实例。自动伸缩监听器和负载均衡器机制可以用来触发一个临时的云服务用户请求的重定向，以满足伸缩和工作负载分配的要求。两种机制中任意一种都可以与 VIM 联系，以发起 VM 在线迁移的过程，如图 3-18 和图 3-19 所示。

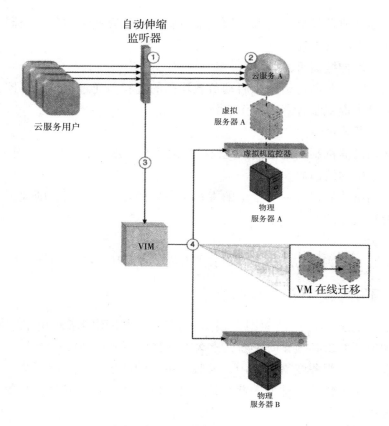

图 3-18　VM 在线迁移过程（1）

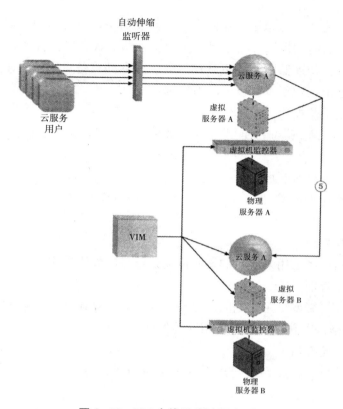

图 3-19 VM 在线迁移过程（2）

通过物理服务器 B 上的目标虚拟机监控器创建了虚拟服务器及其承载的云服务的第二副本⑤。

自动伸缩监听器监控云服务的工作负载①。工作负载增加，达到云服务预先设定的阈值②，导致自动伸缩监听器给 VIM 发送重定位信号③。VIM 用 VM 在线迁移程序指示源和目的虚拟机监控器执行运行时重定位④。

根据虚拟服务器的磁盘位置和配置，虚拟服务器迁移可能以如下两种方式之一发生：

（1）如果虚拟服务器的磁盘存储在一个本地存储设备或附加到源主机的非共享远程存储设备上，就在目标主机上创建虚拟服务器磁盘副本。在创建好副本之后，两个虚拟服务器实例会进行同步，然后虚拟服务器的文件会从源主机上删除。

（2）如果虚拟服务器的文件存储在源主机和目的主机间共享的远程存储设

备上，就不需要拷贝虚拟服务器磁盘，只需要简单地将虚拟服务器的所有权从源主机转移到目的物理服务器主机，虚拟服务器的状态就会自动同步。

除了有自动伸缩监听器、负载均衡器、云存储设备、虚拟机监控器和虚拟服务器外，这个架构还可以包含以下机制：

（1）云使用监控器

可以用不同类型的云使用监控器来持续追踪 IT 资源的使用情况和系统行为。

（2）按使用付费监控器

用按使用付费监控器来收集数据，由此计算源和目的位置的 IT 资源服务使用费。

（3）资源复制

资源复制机制是用来在目的端实例化云服务的卷影副本。

（4）SLA 管理系统

在云服务复制或重定位期间及之后，这个管理系统负责处理 SLA 监控器提供的 SLA 数据，以获得云服务可用性的保证。

（5）SLA 监控器

这个监控机制收集 SLA 管理系统所需的 SLA 信息。

第三节　特殊云架构

一、直接 I/O 访问架构

使用直接 I/O 访问架构，允许虚拟服务器绕过虚拟机监控器直接访问物理服务器的 I/O 卡，而不用通过虚拟机监控器进行仿真连接。

为了实现在与虚拟机监控器没有交互的情况下访问物理 I/O 卡，主机 CPU 需要安装在虚拟服务器上的合适的驱动器来支持这种类型的访问。驱动器安装后，虚拟服务器就可以将 I/O 卡当作硬件设备来进行组织。

除了虚拟服务器和虚拟机监控器之外，本架构还可以包括如下机制。

（1）云使用监控器。

（2）逻辑网络边界：逻辑网络边界确保被分配的物理 I/O 卡不允许云用户去访问其他云用户的 IT 资源。

（3）按使用付费监控器：此监控器为分配的物理 I/O 卡收集使用成本信息。

（4）资源复制：复制技术用于使物理 I/O 卡取代虚拟 I/O 卡。

二、直接 LUN 访问架构

存储 LUN 常常通过主机总线适配器（HBA）映射到虚拟机监控器中，其存储空间仿真为虚拟服务器上基于文件的存储。然而，虚拟服务器有时需要直接访问基于块的 RAW 存储设备。例如，当实现一个集群且 LUN 被用作两个虚拟服务器之间的共享集群存储设备时，通过仿真适配器进行访问是不够的。

直接 LUN 访问架构通过物理 HBA 卡向虚拟服务器提供了 LUN 访问。由于同一集群中的虚拟服务器可以将 LUN 当作集群数据库的共享卷来使用，所以这种架构是有效的。

LUN 在云存储设备上进行创建和配置，以便向虚拟机监控器显示 LUN。云存储设备需要用裸设备映射进行配置，使 LUN 能作为基于块的 RAW 存储区域网络 LUN 被虚拟服务器发现，这种基于块的 RAW 存储区域网络 LUN 是一种未格式化且未分区的存储。LUN 使用唯一的 LUN ID 来表示，它作为共享存储被所有的虚拟服务器使用。

除了虚拟服务器、虚拟机监控器和云存储设备之外，下列机制也可以成为该架构的一部分。

（1）云使用监控器：该监控器跟踪并收集直接使用 LUN 的存储使用信息。

（2）按使用付费监控器：按使用付费监控器为直接 LUN 访问收集使用成本信息，并分别对这些信息进行分类。

（3）资源复制：该机制与虚拟存储器如何直接访问基于块的存储有关，这种存储取代了基于文件的存储。

三、动态数据规范化架构

冗余数据在基于云的环境中会引起一系列问题：

（1）增加存储和目录文件所需时间。

（2）增加存储和备份所需空间。

（3）数据量增加导致成本增加。

（4）增加复制到辅存储设备所需时间。

（5）增加数据备份所需时间。

例如，如果云用户要向云存储设备上复制 10 份 100 MB 的文件，则云用户需支付 10×100 MB 存储空间的费用，即使实际只存储了一份 100 MB 的数据。

云提供者需要在在线云存储设备和任何备份存储系统中提供不必要的 900 MB 空间。

当云提供者进行现场恢复时，数据复制的时间和性能负担都不必要地增加了，因为需要复制的是 1 000 MB 的数据，而不是 100 MB 的数据。

如果是多租户公共云，那么这些影响就会明显被放大。

动态数据规范化架构建立了一个重复删除系统，它通过侦测和消除云存储设备上的冗余数据来阻止云用户无意识地保留冗余的数据副本。这个系统既可以用于基于块的存储设备，也可以用于基于文件的存储设备，但前者较有效。当重复删除系统接收到一个数据块，就会将其与已收到的块进行比较，以判断收到的块是否为冗余。冗余块会由指向存储设备中已有的相同块的指针来代替。

在将接收数据传递给存储控制器之前，重复删除系统会检查该数据。作为检查过程的一部分，每个被处理和存储的数据块都会分配一个哈希码，并且维护哈希和数据块的索引。由此，新接收数据块的哈希将与存储的哈希进行比较，以判断该数据块是新的还是重复的。新数据块将被保存，而复制数据块将被删除，同时产生并保存一个指向原始数据块的指针。

这种架构模型可以用于磁盘存储和备份磁带驱动器。一个云提供者可以决定只在备份云存储设备上删除冗余数据，而另一个提供者则可以采取更加激进的做法，即在其所有的云存储设备上都采用重复删除系统。目前已有各种方法和算法用来比较数据块，以确定其是否与其他数据块重复。

第四章　新时代背景下云计算安全

第一节　云计算安全概述

一、云计算安全基本内容

云计算安全是指一系列用于保护云计算数据、应用和相关结构的策略、技术和控制的集合。

云计算的安全问题在很大程度上是由于云计算本身以下五个特征引起的。

（一）服务外包和基础设施公有化

在云计算环境下，租户的应用模式是服务外包，数据交由云端管理。这种基础设施公有化特征使租户无法对云端资源像在本地一样直接进行管理。

（二）超大规模、多租户资源共享

云计算平台中实体数量庞大，实体间关系复杂，不同租户乃至竞争对手的数据经常存放于云端同一存储设备或在同一主机上进行处理。云平台的这种多租户资源共享特征增加了安全控制的难度。

（三）云计算环境的动态复杂性

多层次服务模式，如基础设施即服务（Infrastructure as a Service，IaaS）、平台即服务（Platform as a Service，PaaS）和软件即服务（Software as a Service，SaaS），以及租户执行环境的动态定制和更新带来了云计算环境中服务组件的多样性和动态性，其可信程度难以预计，使云计算平台的安全很难保证。

（四）云计算平台的开放性

云计算平台常采用流行的虚拟化管理软件（如 VMware、Xen、KVM 等）进行构建，这些软件常有安全漏洞被发布。另外，在 IaaS 模式下，云平台的开放性允许用户部署自己的软件，大量存在不可预计的安全漏洞的软件使得云平台的安全风险大大增加。

（五）云计算平台资源的高度集中性

云计算模式使资源越来越集中在少数服务提供商手中，平台中聚集了更多有价值的租户私有信息，从而使云计算平台成了众多攻击者的对象。

云计算的安全需要从整个系统的安全出发进行考虑，国际标准组织、产业联盟和研究机构等针对云计算安全风险开展了研究，各组织机构对云计算安全风险分析的角度不尽相同，但普遍认为共享环境数据和资源隔离，云中数据保护以及云服务的管理和应用接口安全是最值得关注的问题。另外，各类机构对云计算平台及数据管理也开展了大量研究。例如，ITU-T 关注用户在让渡数据和 IT 设施管理权的情况下与服务提供商之间的安全权责问题，并强调了数据跨境流动带来的法律一致性遵从问题；CSA 关注云服务恶意使用和内部恶意人员带来的安全风险；ENISA（欧洲网络与信息安全局）强调了公共云服务对满足某些行业或应用特定安全需求的合规性风险。

当前对云计算安全的研究还处于快速发展过程中，不同研究者的研究角度和出发点有较大差异，相对而言，当前针对云计算环境下的数据安全及隐私保护、访问控制、虚拟化安全、服务可用性、应用安全以及监管与法律等方面的问题研究较为集中。

二、数据安全与隐私保护

（一）数据安全与隐私泄露隐患

云计算平台处理的海量数据涉及传输、存储、计算等多个环节，不可避免地存在一定的安全隐患。首先，云平台数据采用分布式计算，即很多数据计算是由处于各处的计算资源共同完成的，这就造成有大量的中间数据需要通过网络传递，这个过程存在极大的安全隐患。另外，存储在数据中心的数据也存在安全威胁，即云服务商自身的可信问题需要证明。比如，由于云服务商审计内控管理不够严密，存在内部人员非法获取或泄露云平台用户数据的可能，甚至云服务提供商自身出于商业利益或特殊目的，有可能擅自收集云用户的信息。其次，当用户从云中删除自身数据或注销身份后，该用户的数据空间可以直接释放给其他用户使用，这些数据如果不及时清空，其他用户就可获取到原来用户的私密信息，存在数据泄露可能。云计算平台如果不对数据内容进行检查或校验，拿到数据后直接计算，往往会使一些无效数据或者伪造数据混在其中，一方面可能影响计算的结果，另一方面也占用大量计算资源，影响云计算效果。最后，云计算平台也存在被恶意滥用的问题，主要表现在恶意租户利用云计算平台进行网络攻击或传播非法信息。

（二）云计算数据安全问题来源

用户将其数据存储在云服务商的平台上，可能产生的安全问题主要来源于以下六个方面。

1. 相邻租户或黑客的窃取

当一个文件存储到云计算系统中时，它通常会被分割成若干个碎片并存储在不同的存储空间上。所以，来自不同租户的重要数据和文件将被存储在同一块存储资源上，用户数据将面临来自共享环境中的其他租户的非法访问和泄露。

2. 共享空间中剩余数据的非法恢复

用户数据被删除后变成了剩余数据，存放这些剩余数据的空间可以被释放给其他用户使用，这些数据如果没有经过彻底清除，其他用户可能恢复并获取原来用户的数据信息。

3. 服务商优先访问

云服务商具有对用户数据的优先访问权，如何防范云服务商内部人员（如系统管理员）甚至服务商自身对用户数据的非法访问和泄露是亟待解决的一个难题。

4. 数据在传输过程中被截获或篡改

数据在传输过程中被截获或篡改是数据泄露的一个重要途径，因此，必须重视传输数据的安全保护。

5. 客观因素造成的数据丢失

软硬件故障、电力中断、自然灾害等各类传统安全威胁同样是造成当前云服务数据丢失的主要原因之一。

6. 数据跨境流动问题

云服务商可在全球范围内动态迁移虚拟机镜像，包括云平台上的各类数据和应用。因此，数据的跨境流动就成为安全监管的棘手问题。一旦云平台上有私人敏感信息或重要行业数据跨境流动，就会产生跨国司法问题，国家的重要机密信息也可能会因此泄露。

（三）数据安全与隐私保护研究

数据的安全与隐私保护问题是云计算环境下用户最为关心的关键问题，涉及数据生命周期的每一个阶段。当前对云平台上数据安全和隐私保护的研究主要集中在以下四个方面。

（1）通过密码学的方法实现访问控制，如基于层次密钥生成与分配策略实施访问控制、基于属性的加密算法 KP-ABE 和 CP-ABE、基于代理重加密等。

（2）数据的完整性及可用性证明。主要包括面向用户单独验证的数据可检索性证明（POR）方法、公开可验证的数据持有证明（PDP）方法、基于新型树形结构（MAC Tree）方案等。

（3）密文检索与处理。密文检索主要有基于安全索引和基于密文等价性比对的方法。密文处理研究主要集中在秘密同态加密算法，如黄汝维等采用多叉树结构建立数据索引，基于 EKDA 管理和分发密钥，构建 DLSEK，实现对加密关键字的检索，从而建立了一个支持隐私保护的云存储框架。

（4）隐私保护技术。Roy 等将集中信息流控制（DIFC）和差分隐私保护技术融入云中的数据生成与计算阶段，提出了一种隐私保护系统 Airavat，用于防止 MapReduce 计算过程中非授权的隐私数据泄露出去，并支持对计算结果的自动除密。在数据存储和使用阶段，Mowbray 等提出了一种基于客户端的隐私管理工具，提供以用户为中心的信任模型，帮助用户控制自己的敏感信息在云端的存储和使用。Rankova 等提出一种匿名数据搜索引擎。毛剑等针对现有的隐私保护方案大多面向用户可用数据的保护，而忽视了个人身份信息保护，对可用数据保护提出基于二次混淆的隐式分割机制，同时针对用户身份信息的保护提出基于可信服务器的云存储架构，实现数据存储和用户个人信息管理隔离。

第二节　云计算安全体系

一、云计算安全架构模型

云计算安全技术是信息安全扩展到云计算范畴的创新研究领域，需要针对云计算的安全需求，从云计算安全架构的各个层次入手，通过传统安全手段与依据云计算定制的安全技术相结合，使云计算的运行安全风险大幅降低。无论是在传统数据中心还是在云计算模式下，大部分的业务处理都在服务器端完成，传统的数据服务对关键业务服务器具有较高的依赖性，云计算模式对服务器集群的依赖性更强。服务器集群通常包含彼此连接的大量服务器，当其中的某些服务器出现故障后，这些服务器上运行的应用及相关数据会快速迁移到其他服务器上，运行中的服务可以通过这种措施从故障中快速恢复，甚至让用户感觉不到业务中断，因此，基于云计算的应用服务具有可靠性、持续性和安全性等特点。

研究云计算安全问题的基础是建立云安全体系架构。图 4-1 是根据 CSA 的云计算安全思想设计的云计算安全架构模型，该模型将云安全关注的内容和云计算的实现框架联系在一起，从而可以对资源和服务进行较为系统的安全分析。云计算的最终目标是要将计算、服务和应用作为一种公共设施提供给公众，使各类用户可以随时获得需求的 IT 资源，而云计算安全的目标是确保这种资源服务能够可靠、有保障地交付给用户。根据 NIST 对云计算的通用定义，云架构安全模型涵盖了 IaaS、PaaS、SaaS 三类服务方式以及公有云、私有云、社区云和混合云四类部署方式，从用户、企业、法规机构和云计算提供商的角度对云计算运行过程中的安全问题和关键技术进行了描述。在 IaaS、PaaS、SaaS 三类服务提供方式中，云服务商提供的服务级别越低，云用户所要承担的配置工作和管理职责就越多，为了实现使用云计算安全目标，用户除结合云服务商的自有安全支撑服务外，有时还需要从第三方实体获取身份管理、认证、授权等能力。

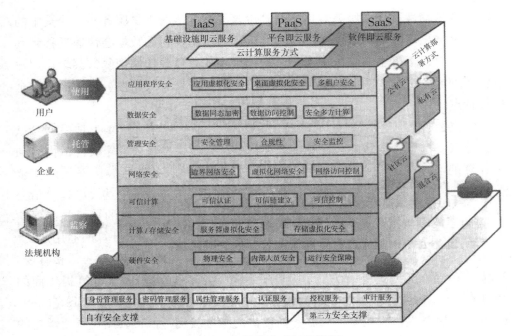

图 4-1 云计算安全架构模型

根据图 4-1 所示的云安全架构模型，下面分别说明各层次的安全关注点。

（1）应用程序安全

关注已经处于云中的应用程序的安全。可以使用软件开发生命周期管理、二进制分析、恶意代码扫描等手段对应用程序进行安全检测，同时可采取WAF 应用防火墙等技术保证应用程序安全。

（2）数据安全

用于保证用户业务数据信息不被泄露、更改或丢失。使用数据泄露防护技术、能力成熟度框架、数据库行为监控、密码技术等手段保证信息的机密性、完整性等安全属性。

（3）管理安全

通过公司治理、风险管理及合规审查，使用身份识别与访问控制、漏洞分析与管理、补丁管理、配置管理、实时监控等手段实现管理安全。

（4）网络安全

通过基于网络的 IDS/IPS、防火墙、深度数据包检测、安全 DNS、抗 DDoS攻击网关、QoS 技术和开放的 Web 服务认证协议等手段实现网络层面的安全。

（5）可信计算

使用软硬件可信根、可信软件栈、可信 API 和接口保证云计算的可信度。

（6）计算 / 存储安全

通过基于主机的防火墙、基于主机的 IDS/IPS、完整性保护、审计 / 日志管理、加密和数据隐蔽等手段实现计算 / 存储安全。

（7）硬件安全

通过物理位置安全、闭路电视、安保人员等在硬件层面上确保安全。

二、面向服务的云计算安全体系

解决云计算安全问题的有效思路是针对威胁建立完整的、综合的云计算安全体系。我国著名信息安全专家冯登国教授提出了云计算安全服务体系，如图 4-2 所示。该体系体现了云计算面向服务的特点，包括云计算安全服务体系与云计算安全支撑体系两大部分，它们共同为实现云用户安全目标提供技术支撑。

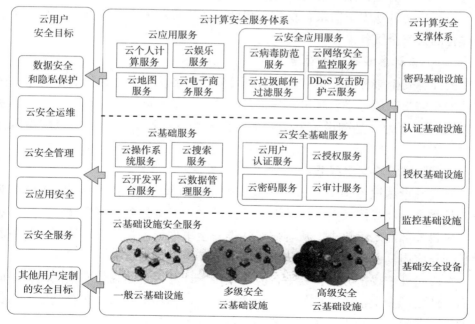

图 4-2　云计算安全服务体系

（一）云用户安全目标

在云计算安全服务体系中，用户的首要安全需求是数据安全与隐私保护，即防止云服务商恶意泄露或出卖用户隐私数据，或者搜集和分析用户数据，挖掘出用户的深层次信息等不当行为。攻击者可以通过分析企业关键业务系统流量得出其潜在而有效的运营模式，或者根据两个企业之间的信息交互推断其可能存在的合作关系等。对企业而言这些数据并非机密信息，然而一旦被云服务商无意泄露或出卖给企业竞争对手，就会对受害企业的运营产生较大的负面影响。数据安全与隐私保护贯穿用户数据生命周期中创建、存储、使用、共享、归档、销毁等各个环节，涉及所有参与服务的各层次云服务商，数据安全也是企业用户选择云服务商的首要关注点。

云用户的另一个重要需求是安全管理与运行维护，即在不泄露其他用户隐私且不涉及云服务商商业机密的前提下，允许用户获取所需安全配置信息以及运行状态信息，并在某种程度上允许用户部署实施专用安全管理软件，从而对云计算环境中的业务执行情况进行多层次的认知和控制。

云用户的其他安全需求包括应用程序在云计算环境中的运行安全以及获取多样化的云安全服务等。

（二）云计算安全服务体系

云计算安全服务体系由一系列云计算安全服务构成，以提供满足云用户多样化安全需求的服务平台环境。根据其所属层次的不同，云计算安全服务体系可以进一步分为云基础设施安全服务、云安全基础服务以及云安全应用服务三类。

1.云基础设施安全服务

云基础设施服务为上层云应用提供安全的计算、存储、网络等 IT 资源服务，是整个云计算体系安全的基石。云基础设施安全包含两层含义：一是能够抵挡来自外部的恶意攻击，从容应对各类安全事件；二是向用户证明云服务商对数据与应用具备安全防护和安全控制能力。

在应对外部攻击方面，云平台应分析传统计算平台面临的安全问题，采取全面、严密的安全措施。例如，在物理层考虑计算环境安全，在存储层考虑数据加密、备份、完整性检测、灾难恢复等，在网络层考虑拒绝服务攻击、DNS安全、IP 安全、数据传输机密性等，在系统层考虑虚拟机安全、补丁管理、系统用户身份管理等安全问题，在应用层考虑程序完整性检验与漏洞管理等。

另外，云平台应向用户证明自己具备一定程度的数据隐私保护与安全控制的能力。例如，在存储服务中证明用户数据以密文保存，并能够对数据文件的完整性进行校验，在计算服务中证明用户代码在受保护的内存中运行，等等。由于用户的安全需求存在着差异，云平台应能够提供不同等级的云基础设施安全服务，各等级间通过防护强度、运行性能或管理功能的不同体现出差异。

2. 云安全基础服务

云安全基础服务属于云基础软件服务层，为各类云应用提供信息安全服务，是支撑云应用满足用户安全目标的重要手段。其中，比较典型的几类云安全基础服务如下。

（1）云用户认证服务：主要涉及用户身份的管理、注销以及身份认证过程。在云计算环境下，实现身份联合和单点登录，可以使云计算的联盟服务之间更加方便地共享用户身份信息和认证结果，减少重复认证带来的运行开销。但是，云计算环境下身份联合管理应在保证用户数字身份隐私性的前提下进行。

（2）云授权服务：云授权服务的实现依赖完善地将传统的访问控制模型（如基于角色的访问控制、基于属性的访问控制模型以及强制自主访问控制模型等）和各种授权策略语言标准（如 XACML、SAML 等）扩展后移植入云计算环境。

（3）云审计服务：由于用户缺乏安全管理与举证能力，要明确安全事故责任，就需要云服务商提供必要的支持，在此情况下第三方实施的审计也具有重要的参考价值。云审计服务必须提供满足审计事件列表的所有证据以及证据的可信度说明。当然，若要在证据调查过程中避免使其他用户的信息受到影响，则需要对数据取证方法进行特殊设计。云审计服务是保证云服务商满足合规性要求的重要方式。

（4）云密码服务：云用户中普遍存在数据加、解密运算需求，云密码服务的实现依托密码基础设施。基础类云安全服务还包括密码运算中的密钥管理与分发、证书管理及分发等功能。云密码服务不仅简化了密码模块的设计与实施，也使密码技术的使用更集中、规范，同时更易于管理。

3. 云安全应用服务

云安全应用服务与用户的需求紧密结合，种类多样，是云计算在传统安全领域的主要发展方向。典型的云安全应用包括 DDoS 攻击防护服务、僵尸网络检测与监控服务、Web 安全与病毒查杀服务、防垃圾邮件服务等。传统网络安全技术在防御能力、响应速度、系统规模等方面存在限制，难以满足日益复杂的安全需求，云计算的优势可以极大地弥补上述不足，其提供的超大规模计算能力与海量存储能力能大幅提升安全事件采集、关联分析、病毒防范等方面的性能，通过构建超大规模安全事件信息处理平台，提升全局网络的安全态势感知、分析能力。此外，还可以通过海量终端的分布式处理能力实现安全事件的统一采集，在上传到云安全中心后进行并行分析，极大地提高安全事件汇聚与实时处置能力。

（三）云计算安全支撑体系

云计算安全支撑体系为云计算安全服务体系提供了重要的技术与功能支撑，其核心包括以下几方面内容。

1. 密码基础设施

用于支撑云计算安全服务中的密码类应用，提供密钥管理、证书管理、对称/非对称加密算法、散列码算法等功能。

2. 认证基础设施

提供用户基本身份管理和联盟身份管理两大功能，为云计算应用系统身份鉴别提供支撑，实现统一的身份创建、修改、删除、终止、激活等功能，支持多种类型的用户认证方式，实现认证体制的融合。在完成认证过程后，通过安全令牌服务签发用户身份断言，为应用系统提供身份认证服务。

3. 授权基础设施

用于支撑业务运行过程中细粒度的访问控制，实现云计算环境范围内访问控制策略的统一集中管理和实施，满足云计算应用系统灵活的授权需求，同时使安全策略能够反映高强度的安全防护，维持策略的权威性和可审计性，确保策略的完整性和不可否认性。

4. 监控基础设施

通过部署在云计算环境虚拟机、虚拟机管理器、网络关键节点的代理和检测系统，为云计算基础设施运行状态、安全系统运行状态及安全事件的采集和汇总提供支撑。

5. 基础安全设备

用于为云计算环境提供基础安全防护能力的网络安全、存储安全设备，如防火墙、入侵防御系统、安全网关、存储加密模块等。

（四）虚拟化软件安全

虚拟化软件层直接部署于裸机上，提供能够创建、运行和销毁虚拟服务器的能力。主机层的虚拟化能通过任何虚拟化模式完成，包括操作系统级虚拟化、半虚拟化或基于硬件的虚拟化。其中，Hypervisor 作为该层的核心，应重点确保其安全性。

Hypervisor 是一种虚拟环境中的元操作系统，可以访问服务器上包括磁盘和内存在内的所有物理设备。Hypervisor 不仅协调硬件资源的访问，也在各个虚拟机之间施加防护。当服务器启动并执行 Hypervisor 时，会加载所有虚拟机客户端的操作系统并分配给每台虚拟机适量的内存、CPU、网络和磁盘。Hypervisor 实现了操作系统和应用程序与硬件层之间的隔离，这样就可以有效地减轻软件对硬件设备及驱动的依赖性。Hypervisor 支持多操作系统和工作负载，每个单独的虚拟机或虚拟机实例都能够同时运行在同一个系统上，并共享计算资源。同时，每个虚拟机可以在不同平台之间迁移，具有无缝的工作负载迁移和备份能力。

目前，市场上有多种 Hypervisor 架构，其中三个最主要的架构如下：

（1）虚拟机直接运行在系统硬件上，创建硬件全仿真实例，被称为裸机型。

（2）虚拟机运行在传统操作系统上，同样创建的是硬件全仿真实例，被称为托管（宿主）型。

（3）虚拟机运行在传统操作系统上，创建一个独立的虚拟化实例（容器），指向底层托管操作系统，被称为操作系统虚拟化。

其中，裸机型的 Hypervisor 最常见，直接安装在硬件计算资源上，操作系统安装并运行在 Hypervisor 上。

正是由于可以控制在服务器上运行的虚拟机，Hypervisor 自然成为攻击的首要目标。保护 Hypervisor 的安全远比想象中更复杂，虚拟机可以通过几种不同的方式向 Hypervisor 发出请求，这些方式通常涉及 API 的调用，API 往往是恶意代码的首要攻击对象，所以所有的 Hypervisor 必须重点确保 API 的安全，并且确保虚拟机只会发出经过认证和授权的请求，同时对 Hypervisor 提供的HTTP、Telnet、SSH 等管理接口的访问进行严格控制，关闭不需要的功能，禁用明文方式的 Telnet 接口，并将 Hypervisor 接口严格限定为管理虚拟机所需的API，关闭无关的协议端口。此外，恶意用户利用 Hypervisor 的漏洞，也可以对虚拟机系统进行攻击。由于 Hypervisor 在虚拟机系统中的关键作用，一旦其遭受攻击，将严重影响虚拟机系统的安全运行，造成数据丢失和信息泄露。

第三节　云计算基础设施安全

一、基础设施物理安全

云计算基础设施包括从用户桌面到云服务器的实际链路中的所有相关设备，云计算只有实现了基础设施在物理层面的安全，才能保证全天候的可靠性。在云计算环境的物理安全中，威胁可以分为自然威胁、运行威胁和人员威胁等。

（一）自然威胁

自然威胁是指由自然界中的不可抗力因素所造成的设备损毁、链路故障等使云计算服务部分或完全中断的情况。例如，地震、龙卷风、火山爆发、泥石流等灾难性事件。自然威胁的显著特点是会给云计算基础设施带来重大损坏，伴随着用户数据、配置文件的丢失，应用系统在相当长时间内难以恢复正常运行。

尽管自然威胁难以预见，但可以通过一些手段尽量避免或减弱其影响。首先，在云计算中心选址时就考虑地震、洪水等因素，选择地势较高、地质条件较好的地区，并对建筑结构、抗震等级做出一定的要求。其次，云计算中心应具有恶劣天气和极端情况下的防护能力，如妥善考虑避雷、暴雨、低温、高温、高湿等。最后，根据需要对云计算通信链路采取防护措施，如加固深埋处理等。云计算服务对自然威胁的承受能力还可以通过技术和逻辑手段实现，如在不同地点建立多个备份和处理中心以保证业务的连续性等。

（二）运行威胁

运行威胁是指云计算基础设施在运行过程中由间接或自身原因导致的安全问题，如能源供应、冷却除尘、设备损耗等。运行威胁没有自然威胁造成的破坏性严重，但如果缺乏良好的应对手段，则仍会产生灾难性后果，使云服务性能下降，应用中断，数据丢失，因此，云计算在实施前必须考虑运行风险，并采取相应的防护措施，在基础设施层面确保云计算所需的各类资源安全，为上层应用的可靠运行提供底层保障。

1. 能源供应

云计算基础设施所需的能源必须得到保障，其中最重要的是电力。电力是所有电子设备运行的必备条件，云计算环境中的各类集群规模和业务负载对电力供应有不同的要求。根据具体设备的运行特点配备相应的紧急电源和不间断电源系统，保证在意外断电情况下云计算基础设施的正常运行。应急电源包括发电机和一些必要的装置，可以在紧急情况下向云计算环境关键区域提供必要的电力能源。不间断电源包括蓄电池和检测设备等，断电时自身设备可以立即向云计算环境供电，使系统不会因电力缺乏而中断。不间断电源的容量有限，其持续时间较短，一般只能维持到紧急电源系统启动时为止，因此，必须立即进行修复工作，以避免不间断电源耗尽时基础设施和业务应用受到损害。

2. 冷却除尘

由于服务器容量和集成度非常高，云计算环境具有较大能耗，其发热密度大，热负荷全年保持高水平，一般制冷系统的电力消耗占整个云计算环境的40%左右。适用于云计算环境的空调需要具备全时高效稳定的制冷能力，在保持室内温湿度均匀、波动较小的条件下尽量提高能效比，提高电力的利用率，使云基础硬件在较为理想的环境中运行，杜绝由热量累积导致的宕机、性能下降等安全问题。此外，云计算环境尽量保持空间封闭，在室内实现一定的净化除尘功能，提高冷却系统运行效率，减少因灰尘因素造成机箱内部潜在的安全隐患。

3. 设备损耗

在任何信息系统的运行中都必须考虑设备的损耗，构成云基础设施的硬件均有一定的使用年限，并且在年限到期前就可能发生故障。长期处于高负荷运行状态下的磁盘阵列一般比内存和 CPU 更易损坏，因此，需要经常对磁盘等存储介质进行分布式冗余处理，使损坏的磁盘不超过一定比例，从而保持完整的数据恢复能力。其他基础设施硬件也需要有常用备件，紧急场合下可以直接替换，将业务中断造成的影响降到最低。

（三）人员威胁

人员威胁是云服务商内部或外部人员参与的、由于无意或故意的行为对云计算环境造成的安全威胁。人员威胁与物理威胁和运行威胁的区别在于人员造成的破坏可能不易被发现，其效果也不会马上显现，但其影响会一直存在并成为系统的安全隐患。人员威胁包括员工误操作、物理临近安全、社会工程学攻击等。

1. 员工误操作

云服务商内部合法员工在云日常管理中也可能因为不熟悉操作方法而导致功能误用，使云服务商或用户数据受到损害。尽量减少员工误操作的有效方法是对员工进行有针对性的技术培训，形成责任人制度，使员工明确自己的每一步操作会产生怎样的影响及后果。在不确定时咨询或查阅技术手册解决问题，而不是采用试探性的操作行为。

2. 物理临近安全

物理临近安全确保云计算基础设施的部署场所不受人员恶意操作或配置影响，可以采用传统的物理临近控制方法，如门禁、视频监控、各类锁等，另外，配备安全警卫也是可以采取的有效策略。安全警卫对云计算运行场所内的偷盗、破坏和其他的非法或未经授权的行为具有威慑作用，还可以协助对进出云数据中心的人员进行管理。在无人值守的情况下应使用摄像机进行 24 小时不间断监控，摄像机一般安装在房间的关键地点，以便提供被摄场所及关键设备的全景录像。

3. 社会工程学攻击

社会工程学是利用受害人的心理弱点、本能反应、信任、贪婪等心理陷阱实施欺骗、套取信息等攻击手段，达到自身目的。它是近年来对信息系统入侵成功率较高的手段，因此，越来越多的攻击者在使用其他手段前往往会尝试利用社会工程学对系统进行试探性攻击。社会工程学攻击需要搜集大量对方信息，在取得对方信任后请求执行相应操作，如重置密码、搜集用户信息、了解系统运行状况等。受害者往往以为攻击者确实具有所声明的身份，因此，在毫无戒备情况下进行了实质上的非法、越权操作，其导致的后果一般较为严重，信息的泄露或系统的破坏将造成企业难以计量的损失。防范社会工程学攻击主要在于加强对员工的培训和教育，同时严格执行安全管理策略，保守企业秘密，禁止违规泄露敏感信息，在进行敏感操作前必须核实对方的身份。

二、基础设施边界安全

任何信息系统（包括云计算环境在内）都可以看作一个包括复杂数据交互

的整体，通过组成部件的基本属性维持内部业务的正常运转。基础设施物理安全主要描述了云数据中心内部的物理安全问题，而云与外部网络的互联互通过程中也存在着较大的安全隐患。云数据中心在地理位置上是公开的、易于访问的，但外界对云计算的访问并不完全都是正常的服务请求，攻击者的行为可能混杂在正常业务中试图深入云计算环境内部。尽管云具有无边界化、分布式的特性，但就每一个云数据中心而言，其服务器仍然是局部规模化集中部署的。通过对每个云数据中心分别进行安全防护，实现云计算基础设施的边界安全，并在云计算服务的关键节点实施重点防护，实现局部到整体的严密联防，杜绝恶意攻击者对云计算环境的渗透和破坏。

云计算基础设施边界防护与传统信息系统边界安全防护思路是相似的：控制云服务访问者的唯一通道，在网络协议不同层面设置安全关卡，建立较低安全等级的非军事化区，对不同用途、架构的应用进行安全隔离，在云关键网络节点架设安全监控体系等。边界防护措施对进入云计算环境的每位用户进行跟踪，实施行为审计，以便及时检测、发现异常和攻击行为，对DDoS攻击等威胁进行实时阻断，确保云服务的可用性维持在较高水平。云计算应从以下几个主要方面实施边界防护。

（一）接入安全

要确保连接至云计算环境的用户都是合法用户，可以在应用层通过认证方式实现，也可以在网络、传输层实现。

（二）网络安全

提供网络攻击防范能力，防止针对云计算环境中的关键节点发起的攻击。由于网络协议的开放特性，引入了较多的安全风险，如常见的IP地址窃取、仿冒、网络端口扫描拒绝服务攻击等，这些网络攻击会对云计算环境造成较大的安全威胁，可以通过部署应用层防火墙、入侵检测和防御设备以及流量清洗设备来解决。

（三）网间隔离安全

在云计算环境的网络内部，按照业务需求进行区域分割，并对不同区域间的流量进行监管，把可能的安全风险限制在可控区域内，防止其扩散，同时可以达到不同安全等级数据隔离防护的目的。网间隔离安全的实施一般通过隔离网关实现，但也应考虑到隔离手段必须能够适应云计算的虚拟化环境。

市场上的边界防护设备名目繁多、功能不一，但其核心仍然是基于防护

（Protection）—检测（Detection）—响应（Reaction）—恢复（Recovery）的 PDRR 流程，通过安全审计及访问控制实现攻击的感知和阻断。目前，业界正在进行下一代防火墙、下一代入侵防御设备和高速应用层隔离网关等的研发工作。云安全防护设备的发展应着眼于适应云计算的大容量交换性能、高端口密度特点和复杂的安全防护策略要求等特征，进一步推进网络和安全的融合，兼容多种技术架构，支撑分布式、ASIC、物联网等前沿应用模式，共同为云计算打造量身定制的安全解决方案。

三、基础设施虚拟化安全

虚拟化作为云计算的核心支撑技术被广泛应用于公有云、私有云和各类混合云中，是云计算源源不断"动力"输出的保证。但是，虚拟化环境暴露出的弱点容易被利用，从而导致安全风险。为了保证虚拟化充分发挥其底层支撑作用，有必要研究基础设施虚拟化技术及其安全防护措施。

虚拟化是对计算机硬件资源抽象综合的转换过程，在转换中资源自身没有发生变化，但使用和管理方式却显著简化了。换句话说，虚拟化为计算资源、存储资源、网络资源以及其他资源提供了一个逻辑视图，而不是物理视图，如图 4-3 所示。云计算中虚拟化的目的是对底层 IT 基础设施进行逻辑化抽象，从而简化云计算环境中资源的访问和管理过程。

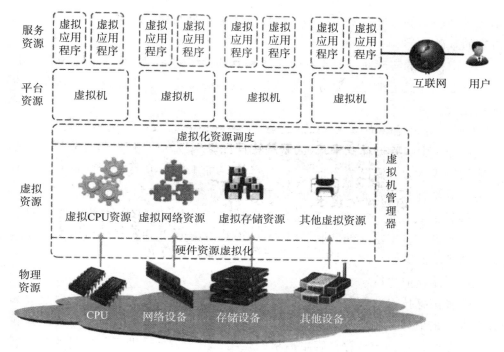

图 4-3　虚拟化结构视图

　　虚拟化提供的典型能力包括屏蔽物理硬件的复杂性，增加或集成新功能，仿真、整合或分解现有的服务功能，等等。虚拟化是作用在物理资源的硬件实体上，按照应用系统的使用需求，可以实现多对一的虚拟化（例如，将多个资源抽象为单个资源以便于使用）、一对多的虚拟化（例如，将 I/O 设备抽象为多个并分配至每台虚拟机上）或多对多的虚拟化（例如，将多台物理服务器虚拟为一台逻辑服务器，然后再将其划分为多个虚拟环境）。

　　虚拟化技术作为云计算的关键技术，在提高云基础设施使用效率的同时，也带来了许多新问题，其中最大的问题就是虚拟化使许多传统安全防护手段不再有效。从技术层面讲，云计算环境与传统 IT 环境最大的区别在于其计算环境、存储环境、网络环境是"虚拟"的，也正是这一特点导致安全问题变得异常棘手。第一，虚拟化的计算方式使应用进程间的相互影响更加难以控制；第二，虚拟化的存储方式使数据隔离与彻底清除变得难以实施；第三，虚拟化的网络结构使传统分域式防护变得难以实现；第四，虚拟化服务提供模式也增加了身份管理和访问控制的复杂性。由于虚拟化安全问题实际上反映了云计算在基础设施层面的大部分安全问题，所以虚拟化安全问题的解决将为云计算提供可靠的基础。

从虚拟化的实现对象看，存储、服务器和网络的虚拟化面临的威胁各有不同，下面从存储虚拟化、服务器虚拟化、网络虚拟化三方面研究云基础设施的虚拟化安全。

（一）存储虚拟化安全

云计算中的数据存储主要依赖存储虚拟化技术实现，因此，基于虚拟化资源池的低成本云存储已成为未来存储技术的发展趋势。从技术发展角度看，未来云存储将在标准规范数据安全保障和云存储客户端等方面得到进一步完善。云存储凭借其在成本控制、管理等方面的优势，可与现有各类数据应用相结合，从而进一步丰富存储即服务的商业模式，为最终用户提供反应迅速、弹性共享和成本低廉的存储方案。

1. 存储虚拟化技术

随着信息技术的不断发展，存储系统也相应成为云计算环境的重要组成部分。大量的终端用户、应用软件开发商等使用云服务商提供的各种云计算服务：一方面，直接导致存储容量需求的猛增；另一方面，业务并发量的持续攀升对数据访问性能、数据传输性能、数据管理能力、存储扩展能力提出了越来越高的要求。存储系统的综合性能将直接影响整个云计算环境的性能水平。各大存储厂商积极推动存储系统的发展和演化，持续投入大量资源对最大限度发挥存储系统效率的理论及技术进行研究，并对存储系统进行优化。

存储虚拟化作为此类研究的重要成果之一，可以显著提高存储系统的运行效率和可用性，其目标是通过集成一个或多个存储设备，以统一的方式向用户提供存储服务。存储虚拟化为物理存储资源（通常为磁盘阵列上的逻辑单元号）提供一个逻辑抽象，将所有的存储资源集合起来形成一个存储资源池，对外呈现为地址连续的虚拟卷，从而兼容下层存储系统之间的异构差异，为上层应用提供统一的存储资源服务。存储虚拟化可以广泛地应用于文件系统、文件块、主机、网络、存储设备等多个层面。

存储虚拟化的优势：第一，能够实现不同的或孤立的存储资源的集中供应和分配，而无须考虑其物理位置；第二，能够打破存储设备厂商之间的界限，集成不同厂商的存储设备，为统一应用目标服务；第三，可以应用于多种厂商的多种类型的存储设备，适应性强，具有较好的经济性。早在 2002 年，存储资源虚拟化就被国内外一些 IT 媒体列为最值得关注的技术之一，时至今日，更是成为 HP、IBM、Oracle、浪潮、华为等存储软件硬件厂商重点关注、研究的技术，在文件系统、磁带库、服务器和磁盘阵列控制器等的设计和实现中都发挥着巨大作用。

存储虚拟化的实现方式一般分为三种：基于存储设备的虚拟存储、基于主机的虚拟存储和基于网络的虚拟存储。

（1）基于存储设备的虚拟存储

虚拟化技术也可以在存储设备或存储系统内实现。例如，磁盘阵列就是通过磁盘阵列内部的控制系统实现虚拟的，同时可以在多个磁盘阵列间构建存储资源池。这种基于存储设备的存储虚拟化能够通过特定算法或者映射表将逻辑存储单元映射到物理设备上，最终对每个应用来说都在使用专属的存储设备。根据不同的方案设计，RAID、镜像、盘到盘的复制等都可以采用此类虚拟存储，同时可以在存储系统中实现虚拟磁带库和虚拟光盘库等。

基于存储设备的存储虚拟化可以将存储和主机分离，不会过多占用主机资源，从而可以使主机将资源有效地运用在应用服务上。但是，基于存储设备的存储虚拟化难以实现存储和主机的一体化管理，且对后台硬件的兼容性要求很高，需要参数相互匹配，因此，在存储设备升级和扩容过程中将受到某些限制。

（2）基于主机的虚拟存储

基于主机的虚拟存储一般通过运行存储管理软件实现，常见的管理软件是逻辑卷管理（LVM）软件。逻辑卷一般也会用来指代虚拟磁盘，实质是通过逻辑单元号（LUN）在若干物理磁盘上建立起逻辑关系。逻辑单元号是一个基于小型计算机系统接口的标志符，用于区分磁盘或磁盘阵列上的逻辑单元。在基于主机的虚拟存储中，管理软件要向云计算系统输出一个单独的虚拟存储设备（或者说一个虚拟存储池）。事实上，虚拟存储设备的后台是由若干个独立存储设备组成的，但从云计算系统角度来看好像是一个有机整体。通过这种模式，用户不需要直接控制管理这些独立的物理存储设备。当存储空间不够时，管理软件会为虚拟机从空闲磁盘空间中映像出更多空间。对虚拟机而言，它所使用的虚拟存储设备空间好像在随需求动态增加，因而不会影响应用程序使用。由此可见，基于主机的虚拟化可以使虚拟机在存储空间调整过程中保持在线状态。其缺点在于，基于主机的存储虚拟化是通过软件完成的，主机同时作为计算设备和存储设备，会消耗主机 CPU 的运行时间，容易造成主机的性能瓶颈，同时在每个主机上都需要单独安装存储虚拟化软件，从某种意义上也就降低了系统可靠性。

（3）基于网络的虚拟存储

基于网络的虚拟存储是当前存储产业的一个发展方向。与基于主机和存储设备的虚拟化不同，基于网络的存储虚拟化是在网络内部完成的，这个网络就是存储区域网络（SAN）。基于网络的虚拟存储可以在交换机、路由器、存储服务器上实现具体的虚拟化功能，也支持带内（In-band）或带外（Out-of-band）虚拟方式。

带内虚拟方式也称对称虚拟方式，是在应用服务器和存储数据通路内实现的存储虚拟化，目前大部分产品采用的都是带内虚拟方式。一般情况下，存储服务器上运行的虚拟化软件允许元数据和需要存储的实际数据在相同数据通路内传递。由存储服务器接受来自主机的数据请求，然后存储服务器在后台存储设备中搜索数据（被请求的数据可能分布于多个存储设备中），当找到数据后，存储服务器将数据再发送给主机，完成一次完整的请求响应。在用户看来，带内虚拟存储好像是附属在主机上的一个存储设备（或子系统）。

带内虚拟存储具有很强的协同工作能力，可以通过集中的管理界面进行控制。同时，带内虚拟可以保障系统的安全性。例如，攻击 SAN 存储的黑客很难有效访问存储系统，除非得到了和主机一样的卷访问手段。但是，对服务器层面而言，带内存储易产生性能瓶颈。尽管许多厂商在存储设备中加入了缓存机制以缩小延迟，但是响应时间依旧是部署带内虚拟存储时需要考虑的一个重要因素。

带外虚拟方式又称非对称虚拟方式，是在数据通路外的存储服务器上实现的存储虚拟化。元数据和存储数据在不同的数据通路上传输，一般情况下，元数据存放在使用单独通路与应用服务器连接的存储服务器上，而存储数据在另外的通路中传输（或者直接通过存储网络在服务器和存储设备间传输）。带外虚拟存储减少了网络中的数据流量，但是一般需要在主机上安装客户端软件，因此，容易受到黑客攻击。一些厂商研究在交换机、路由器等网络设备的固件或软件中实现带外存储虚拟化技术，虽然还处于起步阶段，但未来很有可能替代目前的基于存储设备的虚拟技术。基于交换机或路由器的存储虚拟化技术的基本思想是将存储虚拟化功能尽量转移到网络层来实现，使交换机和路由器处于主机和存储网络的数据通路上，可以在中途检测和处理主机发往存储系统的指令。其优势在于不需要在主机上安装任何代理软件，交换设备潜在的处理能力相比传统模式能提供更强的性能，同时能保证安全性，对外界的攻击有更强的防护能力。然而，该技术的劣势在于单个交换机和路由器容易成为整个存储系统的瓶颈和故障点。

2. 安全防护措施

云计算环境中存储虚拟化的安全重点关注数据的隔离和安全，一般使用数据加密和访问控制实现，如图4-4所示。用户访问虚拟化存储设备前，虚拟化控制器首先检查请求的发出者是否具有相应的权限以及访问地址是否在应用程序的许可范围内；审核通过后，用户就可以读取存储信息，并在数据传输中通过数据加密手段来保证数据安全。

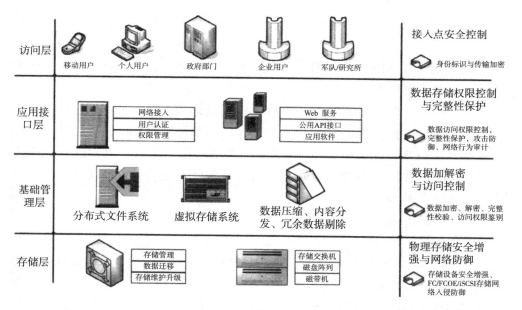

图4-4　存储虚拟化安全层次图

下面分别对数据加密存储和数据访问控制进行详细介绍。

（1）数据加密存储

存储加密采用的技术手段主要有数据库级加密、文件级加密、设备级加密等。

目前已经有多家厂商致力于存储加密标准的制定和推广，希望存储加密工具更易于使用，并且能够实现多种存储架构的协同工作。厂商在存储安全上进行了大量研发投入，推出了多款支持存储加密功能的存储设备。例如，EMC 公司通过多种安全手段保护存储在磁盘阵列上数据的安全。除了厂商不遗余力地推广数据加密的各项保护措施之外，还有一些标准组织也参与到存储加密标准的制定工作中。

1997 年 4 月，美国国家标准与技术研究院（NIST）开始征集高级加密标准（AES）法以替代不安全的数据加密标准（DES）。1998 年 5 月，NIST 宣布接收 15 个新算法并提请全世界密码界协助分析这些算法，包括对算法的安全性和效率特性进行初步检验。NIST 随后考察了这些初步研究成果，选定 MARS、RC6、Rijndael、Serpent 和 Twofish 作为候选算法。经过公众对候选算法的进一步分析评论之后，2000 年 10 月，NIST 宣布 Rijndael 为 AES。在 IEEE 制定的存储加密标准 P1619 中，推荐的存储加密标准算法之一就是 AES。该方法也是目前最流行、安全性最高的数据加密方法之一，因此，其广泛应用于数据加密的各个领域。

NIST 定义了 AES 的五种操作模式，每种模式都有自身的特性。这五种模式分别是电子密码本（ECB）、密码分组链接（CBC）、密码反馈（CFB）、输出反馈（OFB）和计数器（CTR）。ECB 模式擅长载荷长度是密钥长度整数倍的信元加解密，但是由于 SAN 中数据长度并不都是密钥长度的整数倍，而且 ECB 模式的抗攻击性不是很好，所以大多数应用都不采用 ECB 模式。在高速网络中，相对 AES 的其他四种运行模式，AES-CTR 凭借其性能优势，成为最常用的 AES 操作模式。

（2）数据访问控制

早期的计算机系统没有对访问存储资源的用户进行任何操作权限限制。但是，随着计算机可用资源的不断丰富，用户不需要也不应该具备对所有资源的访问权限，这就需要引用访问控制对资源使用进行管理。访问控制的基本任务是在对主体进行识别和认证的基础上，判断是否允许主体访问客体，并以此限制主体对客体的访问能力。由于所有的安全控制最终目的是实现对资源的安全使用，所以访问控制策略成为安全协议中的核心。

在访问控制的实现过程中，需要明确以下概念。

①资源：需要纳入安全管理的对象，可以是物理实体，也可以是逻辑对象，如告警数据、性能数据等。

②操作：一组命令的集合，如访问、更新、加入、检查和删除等。

③权限：用户在系统中进行任何一个操作，对资源的任何一种访问都会受到系统的限制，用户对特定资源进行特定操作的许可称为权限。

④用户：只有经过身份认证的合法用户才能登录到系统中。

⑤授权：授予用户访问某种资源、执行某种操作的权限。

存储设备保存了一份服务器访问域和权限的访问控制列表（ACL）。当用户提出读写请求后，首先根据服务器端口号，从访问控制表中查询用户权限（权限一般分为 read 和 write 两种），再和请求类型进行比较，如果匹配，则继续处理该用户的访问请求，否则将拒绝用户访问。

存储访问控制机制还可以采用存储加密设备实现硬件级的访问控制。用户把任务请求发送到各个服务器，服务器向存储加密设备请求读写数据，存储加密设备处理来自服务器的读写数据请求，实现对存储设备中数据的读写访问操作，并由服务器将获取的数据返回给用户，从而控制来自不同服务器的用户的访问请求，保护私有数据不被非法获取，进一步增强数据存储的安全性。

（二）服务器虚拟化安全

服务器虚拟化将一系列物理服务器抽象成一个或多个完全孤立的虚拟机，作为一种承载应用平台为软件系统提供运行所需的资源。服务器虚拟化根据业务优先级，支持资源按需动态分配，提高效率和简化管理，避免峰值负载带来的资源浪费。对于宿主机而言，服务器虚拟化将虚拟机视为应用程序，这些程序共享宿主机的物理资源。在虚拟机状态下，这些资源可以按需分配，在某些情况下甚至可以不用重启虚拟机即可为其分配硬件资源。

1.服务器虚拟化技术

目前，已有不少较为成熟的服务器虚拟化系统。Xen 是由英国剑桥大学计算机实验室开发的一个开源项目，Xen 允许在物理服务器上建立多个虚拟机，每一个虚拟机都会在自己的工作域（Domain）中运行。Xen 提供了两种工作域：Domain-0 和 Domain-U（其中，U 为虚拟机 ID）。Domain-0 是宿主机的工作域，宿主机操作系统 Red Hat Enterprise Linux 的部分重要功能就在这个域中运行，除系统管理员外，其他用户无法修改 Domain-0 的配置信息。每个虚拟机的工作域都称为 Domain-U，当建立一个新虚拟机时，Xen 就会产生一个 Domain-U 的工作域，供该虚拟机使用，用户可以在新建虚拟机时定义该域的配置信息，也可在虚拟机启动后修改该域的配置信息。基于 Xen 的 Linux 操作系统有多个层次，最底层和最高特权层是 Xen 虚拟机管理器。Xen 可以管理多个客户机操作系统，每个操作系统都能在一个安全的虚拟机中运行。Domain 由 Xen 控制，以实现硬件资源的高效利用。

Xen 的技术框架如图 4-5 所示。虚拟机管理器（VMM，也称 Hypervisor）是其内核，该内核的代码量很小，小于 5 万行。区别于其他虚拟化技术实现方案，Xen 的硬件驱动支持不在虚拟机管理器中完成，而是充分利用了运行在 Xen 上面的 Linux 驱动程序来为客户机操作系统（Guest OS）提供硬件驱动。精简的 Xen 内核设计使基于 Xen 的虚拟机的效率非常高，通常情况下，Xen 内核只占用 3%~5% 的系统开销。早期的 Xen 的实现基于半虚拟化技术，半虚拟化技术通过对客户机操作系统进行部分代码修改来实现虚拟化。英特尔和 AMD 公司提出的 Intel VT 和 AMD-V 技术使 Xen 可以支持全虚拟化，即不需要对客户机操作系统进行修改。

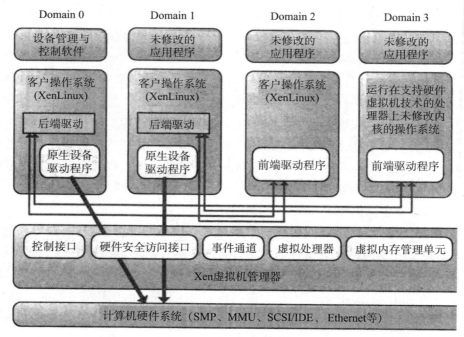

图 4-5　Xen 的技术框架

Xen 具有如下特点。

（1）服务器整合：在虚拟机范围内，可以在一台物理主机上安装多个虚拟服务器，用于部署不同的应用程序，同时实现有效的故障隔离。

（2）内核开发：在虚拟机的沙盒中实现内核的测试和调试，无须为测试单独架设一台独立的物理主机。

（3）无硬件依赖：可用作应用程序和操作系统移植至新硬件环境中的兼容性测试。

（4）多操作系统配置：在进行多平台或网络应用程序的开发或测试时，可以同时配置运行多类型操作系统，并且能够从试验场景中快速恢复。

（5）集群运算：管理虚拟机比单独管理每台物理主机更加灵活，在负载均衡方面更易于控制和配置。

（6）为客户机操作系统提供硬件技术支持：可以在虚拟机管理器上运行几乎所有的操作系统，如 Windows、Linux、UNIX 等，甚至包括未来可能出现的新操作系统。Xen 还能执行底层管理任务，如虚拟机的休眠、唤醒和进程迁移等。

2. 安全防护措施

保证服务器虚拟化安全的基本手段是实现虚拟机的隔离，使每个虚拟机都拥有各自的虚拟软硬件环境，并且互不干扰，其隔离程度依赖底层虚拟化技术和虚拟化管理器的配置。隔离技术除了可以控制虚拟机间的网络流量之外，当某个虚拟机崩溃时，还能保证不会影响其他虚拟机的运行。

服务器虚拟化带来的安全问题主要有以下几种。

（1）虚拟机间的通信：虚拟机一般的运行模式主要包括以下几个。

①多个用户共享资源池中的虚拟机。

②一台计算机上不同安全要求的业务并存。

③物理机上的服务在流程上可以相互调用。

④一个硬件平台上可以承载多个操作系统。这几种运行模式都有隔离要求，如果处理不当，就会导致数据泄露甚至全面瘫痪的严重后果。

（2）宿主机对虚拟机的控制：宿主机对运行在其上的虚拟机具有完全的控制权，由于虚拟机的检测、改变和通信都在宿主机上完成，要特别重视宿主机的安全，对其实行严格管理。另外，所有网络数据都是通过宿主机发往虚拟机的，因而宿主机应该具备监控所有虚拟机网络数据的能力。

（3）非法资源占用：由于虚拟机和宿主机共享资源，虚拟机会非法占用一些资源，从而使在同一台宿主机上的其他虚拟机无法正常运行。

（4）外部修改虚拟机：用户和管理员通过网络对虚拟机进行访问和管理，

由于网络的安全问题，黑客可以通过网络劫持等手段获取虚拟机的账号信息或配置信息，对虚拟机进行非法修改。

（5）虚拟机逃逸：虚拟机的设计目的是分享主机资源并提供隔离，但由于技术限制和虚拟化软件的漏洞，某些情况下，虚拟机里运行的程序会绕过隔离措施，从而取得宿主机的控制权。由于宿主机具有操作和控制的最高特权，如果黑客控制宿主机，则虚拟环境的安全体系可能会全面崩溃。

（6）虚拟机对虚拟机的控制：由于技术限制和虚拟化软件的漏洞，一个虚拟机可能会绕过隔离机制去控制另一个虚拟机，该类行为具有较高的安全风险。

解决服务器虚拟化安全问题的关键在于虚拟机管理器的设计和配置，因为所有虚拟机的 I/O 操作、地址空间、磁盘存储和其他资源都由虚拟机管理器统一管理分配。良好的接口定义、资源分配规则和严格的访问策略能够显著提升服务器虚拟化环境的安全性。下面给出增强服务器虚拟化环境安全的一些建议。

（1）控制所有对资源池的访问权限，以确保只有被信任的用户才具备访问权限。

（2）规范虚拟机的管理操作。所有的虚拟机都应该首先通过系统管理员来创建和保护。如果某些用户（如开发人员、测试人员和培训者）需要和虚拟机直接交互，则应通过系统管理员来创建和管理这些虚拟机。

（3）控制对虚拟机文件的访问。通过合理的访问控制来确保所有包含虚拟机的文件夹以及虚拟机所在压缩文件的安全。所有打开和未打开的虚拟机文件都必须实施严格的管理和控制，同时需要对访问虚拟机文件的行为进行监管。

（4）控制所有对资源池管理工具的访问。只有被信任的用户才有权访问资源池组件，如物理服务器、虚拟化管理程序、虚拟网络、共享存储等。

（5）遵循最小化安全原则。在宿主机上尽可能实现最小化安装，减少主机遭受攻击的渠道，并确保虚拟化管理程序安装尽可能可靠。

（6）部署合适的安全工具。为了支持各种安全策略，虚拟化系统中应包含一些常用安全设备及各种必要工具，如系统管理工具、管理清单、监管和监视工具等。

（三）网络虚拟化安全

众所周知，现有互联网架构具有很多难以克服的缺陷，包括以下几个：

（1）无法解决网络性能和网络扩展性之间的矛盾。

（2）无法适应新兴网络技术和架构研究的需要。

（3）无法满足多样化业务发展、网络运营和社会需求可持续发展的需要。

为解决这些问题，一直以来技术界都在进行各种尝试和探索，网络虚拟化技术正是在这种背景下应运而生。

网络虚拟化是在底层物理网络（SN）和网络用户之间增加的一个虚拟化层，对物理网络资源进行抽象，向上提供虚拟网络（VN）。对一个物理网络上承载的多个应用使用虚拟化分割（纵向分割）功能，可以将物理网络虚拟化为多个逻辑网络，而这些逻辑网络实现了不同应用间的相互隔离。网络虚拟化技术还支持将承载上层应用的多个网络节点进行整合（横向整合）。通过整合，多个网络节点就被虚拟化成一台逻辑设备。对网络进行虚拟化可以获得更高的资源利用率，实现资源和业务的灵活配置，简化网络和业务管理并加快业务提供速度，更好地满足内容分发、移动性、富媒体等业务需求。

1. 网络虚拟化技术

网络设备与服务器不同，它们一般执行高 I/O 密度的任务，通过网络接口来传输大量数据，对专用硬件非常依赖。所有高速路由器和数据包转发，包括加密（IPSec 与 SSL）和负载均衡，都依赖专用处理器。当网络设备是虚拟设备时，专用处理硬件就失效了，所有 I/O 任务都必须由通用的 CPU 来执行，必然会导致 CPU 性能的显著下降。然而，在云计算环境中应用虚拟网络设备还是具有不可替代的优势，特别是能将不依靠专用硬件执行大量 CPU 密集操作的设备虚拟化。例如，Web 应用防火墙（WAF）和复杂的负载均衡设备。目前，网络设备的虚拟化还处于研究阶段，业界还没有统一的标准、体系。因此，下面主要对服务器网络虚拟化技术进行介绍。

在云计算环境中所使用的虚拟机管理软件可以虚拟化网络接口，这意味着从网络设备到虚拟化硬件的每个 I/O 访问路径都必须经过一个更高特权软件（虚拟机管理器）进行环境转换，从而需要消耗大量 CPU 时间来转译所需要完成的任务和待执行的指令。同时，虚拟机之间传输的数据必须在虚拟机管理器的地址空间中进行复制，无疑会带来更多的延迟。为了减轻 CPU 的负荷，可以提供网卡虚拟化功能，使多台虚拟机共享一块物理网络接口卡，帮助虚拟机快速访问网络，使虚拟机的网络性能获得极大提升。

由于一台服务器上可能会运行多台虚拟机，多台虚拟机之间需要虚拟以太网桥 VEB 来实现数据交换。虚拟机管理器提供的虚拟交换机 vSwitch 即是一种虚拟以太网桥。虚拟机管理器还为每个虚拟机创建一个虚拟网卡，对于在虚拟机管理器中运行的 vSwitch，每个虚拟机的虚拟网卡都对应到 vSwitch 的一个逻辑端口上，服务器的物理网卡对应于 vSwitch 与外部物理交换机相连的端口。通过虚拟网卡进行报文收发的流程如下：在接收流程中，vSwitch 从物理网卡接收以太网报文，之后根据虚拟机管理器下发的虚拟机 MAC 与 vSwitch 逻辑端口的对应关系表（静态 MAC 表）来转发报文；在发送流程中，当报文的 MAC 地址在外部网络时，vSwitch 直接将报文从物理网卡发向外部网络，当报文目的 MAC 地址是连接在相同 vSwitch 上的虚拟机时，则 vSwitch 通过静态 MAC 表来转发报文。

vSwitch 具有较好的技术兼容性，但也面临着诸多问题，如 vSwitch 占用 CPU 资源，导致虚拟机性能下降、虚拟机间网络流量不易监管、虚拟机间网络访问控制策略不易实施、vSwitch 存在管理可扩展性问题等。因此，IEEE 数据中心桥接任务组（DCB）制定了 802.1Qbg 标准 EVB，将 VEPA 作为技术实现方案，而 Cisco 发起的虚拟化网络控制协议 VN-Tag 代表了另一类虚拟以太网桥的技术实现方式。这两类标准的核心思想是将虚拟机产生的网络流量全部交给与服务器相连的物理交换机进行处理，即使同一台服务器上的虚拟机间流量也将在外部物理交换机上进行处理。

（1）VEPA

VEPA 技术标准由 HP、IBM、Dell、Juniper 和 Brocade 等公司发起，统一管理和监控各种虚拟机的桥接标准，其主要功能由数据中心边缘虚拟交换机硬件实现。VEPA 有两种实现模式：一种是标准模式，需要虚拟交换机和上联的物理交换机做少量代码升级；另外一种是多通道模式，需要上联交换机提供更多的智能处理功能。

标准模式 VEPA 的技术实现简单，采用了 Hairpin 技术，将同一物理服务器上的不同虚拟机之间的流量强制发往物理网卡外部，由网卡上联的 VEPA 交换机接收处理后才发送回来，而不是由本地虚拟交换机直接转发处理。

多通道模式 VEPA（Mutli-Channel VEPA）增强了标准模式 VEPA 的性能，同时兼容传统虚拟交换机和标准模式 VEPA，其实现方式是将物理链路分成多个服务通道，网络交换机和网卡独立识别每个通道，这些通道可以分配给虚拟机、传统 VEB 虚拟化交换机或 VEPA 虚拟以太端口聚合交换机。每个通道物理标识采用 IEEE 802.1ad（Q-in-Q）技术，即在 IEEE 802.1Q VLAN 标记基础上增加了"S-Tag"作为服务字段标记每个通道,在这种情况下,服务器网卡和交换机都需要支持 Q-in-Q 特性,才能区分不同源虚拟机或桥接流量。

VEPA 方式借助物理交换机实现了虚拟机间流量转发,同时解决了虚拟机流量监管、访问控制策略部署、管理可扩展性等问题。

(2)VN-Tag

VN-Tag 标准是由 Cisco 为主发起的虚拟化网络控制协议,实现了虚拟网络智能识别和控制,在不扩大生成树域和管理界面的前提下扩展了接入层,目前已被 IEEE 接纳成 IEEE 802.1Qbh 桥接口扩展标准,其实现方式主要是在传统以太网帧基础上增加 VN-Tag 帧头以标识每个虚拟机所绑定的虚拟接口(VIF)。VN-Tag 帧头中最重要的两个字段分别是目的虚拟接口标识 DVIF_ID 和源虚拟接口标识 SVIF_ID,它们清楚地区分了来自同一个物理网口上的每个虚拟机的虚拟网络接口。每个接口功能的实现机制主要有两种方式:通过物理网卡芯片固件实现或通过虚拟化平台软件实现。VN-Tag 在 Cisco 网络设备上已经实现,但需要服务器采用支持 VIN-Tag 的网卡来与网络设备配套使用。

综上所述,这两大标准都在不断完善过程中。VEPA 主要改进在于减少虚拟交换机在数据转发层面的性能影响,虚拟流量以 IEEE 802.1Q 和服务通道表示,整个控制平面由 VEPA 物理交换机实现。VN-Tag 的主要改进在于数据转发平面和控制平面的虚拟化,具有比较完善的网络扩展与虚拟机关联感知能力,虚拟流量以源和目的 VIF 虚拟端口表示,既可以通过软件交换机内核实现,也可以通过物理交换机实现。VEPA 和 VN-Tag 两者具有互补性,VEPA 设备自动发现方式就可以用于 VN-Tag,未来不排除出现融合 VEPA 和 VN-Tag 的新技术。

2. 安全防护措施

网络虚拟化消除了传统网络的物理边界,所有的虚拟资源在云计算平台的调度下在虚拟化层统一运行,由虚拟网络设备、虚拟链路构成的虚拟网络和真实环境中连接物理计算机的网络一样也存在安全风险。虚拟机之间的流量不再受到防火墙、入侵检测以及其他传统网络安全设备的保护,这些传统的网络安全设备无法识别虚拟网络流量,虚拟机之间通过网络进行的通信行为处于不可视、不可控状态。虚拟网络环境的安全防护面临着更加严峻的挑战:流量不可视、行为不可控、无法配置等问题使安全厂商无法将传统安全设备直接应用于虚拟网络。在这种情况下,提高虚拟网络的安全性主要有两种解决思路:外挂式安全系统和内嵌式安全系统,如图 4-6 所示。

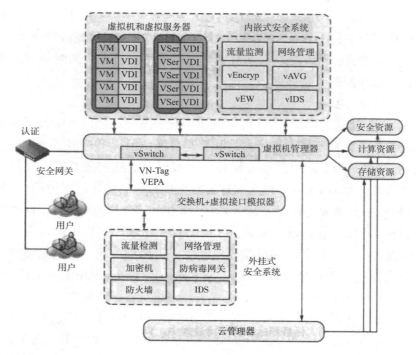

图 4-6　云计算安全设备虚拟化

外挂式安全系统将虚拟机产生的网络流量自虚拟机管理器牵引至真实网络环境中，并路由至传统安全设备，以实现传统安全设备的最大限度重用。这种方式因 VEPA 和 VN-Tag 的完善而越来越清晰，它能够充分利用硬件安全设备的强大性能来处理云数据中心的网络流量，但需要对相关设备进行协议改造，使其能够识别来自不同虚拟机的流量。

内嵌式安全系统直接以软件方式实现安全设备的功能，并将安全模块嵌入虚拟机管理器中，这样做的好处是不需要额外的硬件支持即可快速部署使用，并且在虚拟机管理器中的安全模块对网络流量具有最佳的可视性，也有利于其与虚拟机管理器的主控单元的交互和协同。但是，由于这类模块化的软件需要在物理机上运行，所以会消耗一定的计算资源，在虚拟机间网络流量较大时，会严重影响虚拟化环境的性能。同时，安全模块与虚拟机管理器的耦合程度较高，虚拟化厂商一般不愿意完全开放虚拟机管理器的接口给第三方开发人员使用，通常只是将有限的功能以内省方式提供给外挂程序（如 VMware 的 VMsafe API），大大限制了安全模块的能力水平。

　　这两类安全设备的虚拟化方式具有各自的特点和适用性，需要在实际场景中根据需求进行取舍。防火墙、入侵检测、加密、流量监测和安全审计等传统网络安全防护中广泛使用的技术在虚拟网络中同样适用。为了实现网络虚拟化的安全目标，有必要借鉴、重用传统网络安全设备的相关技术构建虚拟安全设备，解决虚拟化网络所面临的安全问题。对于内嵌式和外挂式安全系统，下面分别以虚拟防火墙技术和虚拟入侵检测技术为例进行说明。

　　（1）虚拟防火墙技术

　　网络虚拟化将造成网络架构的改变，而网络架构的改变会给云计算带来新的安全问题。例如，在采用虚拟化技术之前，用户可以在防火墙设备上建立多个隔离区，对不同服务器采用不同规则进行管理。即使服务器遭到攻击，危害也仅局限在一个隔离区内，影响范围不会太大，而采用虚拟化技术后，所有虚拟机会集中连接到同一台虚拟交换机与外部网络通信，这使原有防火墙的防护措施失效。在这种情况下，如果一台虚拟机发生安全问题，就会通过网络扩散到其他虚拟机。同时，虚拟机会在不同服务器之间迁移，并且这种迁移通常自动执行，因此，可能会使一些重要的虚拟机迁移到不安全的物理服务器上，从而增加了安全风险。

　　虚拟防火墙是基于状态检测的防火墙，允许根据流量方向、应用程序协议和接口、特定的源和目标等多种参数来构建防火墙规则，通过策略提供全局和本地的访问控制能力，保护虚拟机间的网络交互和迁移中的虚拟机。虚拟防火墙利用逻辑划分的多个防火墙实例实现对业务或部门独立安全策略的部署。随着业务的发展，当用户业务划分发生变化或者产生新的业务部门时，可以通过添加或者减少防火墙实例的方式灵活地解决网络扩展问题，极大地降低了防火墙部署的复杂度。同时，以虚拟防火墙取代了网络中的多个物理防火墙，极大地减少了系统运维中需要管理维护的网络设备，降低了网络管理的复杂度，降低了误操作的可能性。

　　图4-7为内嵌式虚拟防火墙的工作方式，虚拟防火墙部分功能被嵌入虚拟机管理器中，所有虚拟网络接口间的数据通信都要通过虚拟防火墙。如果一台物理机上的虚拟机应用程序需要访问另一台物理机上的虚拟机应用程序，那么在物理机的硬件网络接口上传输的数据也需要通过虚拟防火墙。

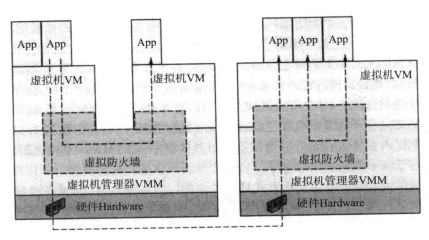

图 4-7　内嵌式虚拟防火墙的工作方式

虚拟防火墙与传统防火墙基本原理类似，虚拟防火墙可以提供如下功能。

①连接控制：基于规则进行入站和出站连接控制，规则可以按IP地址（源/目标）、端口（源/目标）和协议类型等进行设置。

②内容过滤：根据已知的协议类型对数据内容进行选择性过滤。

③流量统计：计量虚拟网络资源的使用量，并监控各个应用程序的使用比例。

④策略管理：管理和分发全局策略。

⑤日志记录与审计：通过日志来记录访问事件和安全事件（错误、警告等），并进行行为审计。

（2）虚拟入侵检测技术

入侵检测系统（IDS）可以很好地保障网络环境的安全，在传统的物理网络环境中，跟踪和监控系统的运行状况，检测到达主机的网络数据包，根据预定义的入侵规则，检测网络环境中是否有入侵行为，或者根据知识库，利用专家系统，推断和发现网络或系统中是否有被攻击的迹象。

面向虚拟网络的入侵检测技术是为了适应虚拟机发展和入侵检测系统自身需要而产生的。虚拟化技术日趋成熟，对虚拟机部署的需求日益增加。但是，虚拟机的引入使网络体系结构发生了巨大变化。同一台物理服务器上可以部署多个虚拟机，这些虚拟机间的数据流量通常通过 vSwitch 在物理服务器内部进行转发，这使传统的入侵检测系统已经不能完全适应网络环境变化。传统的IDS 设备部署在物理网络上，无法感知在同一台物理服务器上由虚拟网桥连接的虚拟网络结构，只能对进出宿主机系统的网络数据进行入侵检测，而不能检测到物理服务器内部的虚拟机之间的攻击，因此，很难实现较细粒度的网络入侵检测，也无法适应不同虚拟机提出的不同级别的安全需求。

　　基于虚拟机管理器的入侵检测技术是面向虚拟机网络的入侵检测系统的关键技术之一。以 Xen 的半虚拟化环境为例，可以部署独立的入侵检测系统，根据物理服务器内部的虚拟网络结构，使用集中与分布相结合的协作方式，满足入侵检测的需要。面向虚拟机网络的入侵检测系统的原理如图 4-8 所示，该系统分为两部分：一部分是独立的入侵检测系统；另一部分是位于被检测虚拟机内部的事件响应代理。

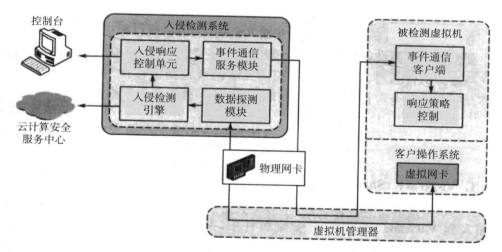

图 4-8　虚拟网络入侵检测系统体系结构

　　入侵检测系统主要有四个功能模块：数据探测模块、入侵检测引擎、入侵响应控制单元、事件通信服务模块。数据探测模块通过 Xen 虚拟机管理器从每个虚拟机的虚拟网卡获取网络数据包。入侵检测引擎对数据探测器获取的网络数据包进行入侵检测，一旦发生入侵事件，就会发通知给入侵响应控制单元。入侵响应控制单元负责根据入侵事件选择相应的事件处理方式，并通过事件通信服务模块发送响应策略至被入侵的虚拟机。

　　入侵检测系统的工作流程有以下三种。

　　第一种，数据探测模块的工作流程：

　　①查找网络设备。

②判断系统设备类型。如果是非虚拟化环境，则转步骤③，否则转步骤④。

③启动普通模式，直接从物理网卡上捕获数据包。

④读取配置文件，获取虚拟机内部虚拟网络配置信息，识别组网方式。

⑤从 Xen 虚拟机管理器中获取虚拟网卡信息。

⑥从虚拟网卡上捕获数据包。

⑦对数据包进行预处理，将处理后的数据包提交给入侵检测引擎。

第二种，入侵检测引擎的工作流程：

①根据数据包的域标志，选择相应的入侵检测规则。

②根据相应的协议，对网络数据包进行解包，并提取数据包的特征。

③从入侵检测规则库中获取入侵行为特征。

④利用特征匹配，检测网络数据包是否含有入侵特征，如果发现入侵特征，则通知入侵响应模块。

第三种，入侵响应控制单元的工作流程：

①根据入侵特征，获取入侵事件。

②根据事件定义，读取安全策略，选择响应方式。

③通过事件通信服务模块，通知被入侵的虚拟机，执行相应的事件响应步骤。

虚拟入侵检测设备与传统的入侵检测机制类似，只是虚拟入侵检测设备需要建立适应虚拟机管理器、vSwitch 及虚拟防火墙的规范消息格式，从而在危险发生时能够及时发送安全告警，通知安全策略调整，维护整个虚拟网络环境的安全。

第五章　基于云计算的分布式存储技术

第一节　分布式存储系统

一、概述

分布式存储系统通过整合大规模计算、存储资源提供可信服务。其中，高性能的存储是实现资源服务的基本条件，分布式环境下的数据存储的基础是大规模存储设备构成的存储网络，网络中的存储节点通过各自的分布式文件系统将分散的、低可靠性的资源聚合成高可靠性、高可用性、高扩展性的可变粒度的资源视图。因此，分布式文件系统是分布式存储系统的核心，通过对操作系统所管理的存储空间的抽象，向用户提供统一的、对象化的访问接口，屏蔽对物理设备的直接操作和资源管理。分布式文件系统的设计基于客户机/服务器模式，文件系统管理的物理存储资源并非绑定本地节点，而是通过计算机网络与节点相连，如典型的网络拓扑往往采用客户机/服务器模式，而基于P2P的分布式文件系统的对等特性也允许网络节点同时具有客户机和服务器的双重身份。

分布式文件系统的具体结构和实现机制各异，但系统性能和特定应用类型有着密切的相关性。因此，从分布式文件系统的性能影响因素出发，一个典型的分布式文件系统往往具有如下四个组成部分。

（1）元数据服务器：元数据处理是分布式文件系统高效运行的核心，元数据服务器的组织结构、查询策略、硬件配置、数据管理方式及服务线程数量等是制约其性能的主要因素。因此，元数据服务器对计算能力要求较高，在设计上主要关注系统整体性能。

（2）客户端及应用模块：客户端和应用模块是文件服务的接口，其文件访问模型和访问请求的I/O特征是影响系统性能的主要因素。在设计上，文件访问模型涉及串行/随机访问、大/小文件访问、共享/分离文件访问等，访问请求的 I/O 特征涉及读写请求的规模、比率、突发性、相关性、队列长度和 I/O 响应的时间间隔等。

（3）数据存储节点：数据存储节点主要存储应用程序数据，并保持与元数据服务器、客户端的通信和交互。存储节点设计考虑的主要因素包括节点数量及组织方式、存储介质类型及带宽、服务线程数量、缓存组织及配置、系统日志类型等。

（4）网络拓扑结构：分布式文件系统的网络拓扑主要包括存储网络和节点互联网络。在设计上，网络拓扑考虑的因素包括网络类型、带宽、组织方式、互联协议等，可以根据存储规模、数据类型灵活组织。

分布式文件系统的发展主要经历四个阶段，如表 5-1 所示。

表 5-1　分布式文件系统发展历程

时间 / 年	发展阶段	技术特性	驱动因素	典型系统
1980—1990	雏形阶段	在受网络环境、本地磁盘、处理速度等方面限制的情况下，更多地关注访问性能和数据可靠性	网络共享存储和远程文件访问	NFS、AFS 等
1991—1995	发展阶段	针对广域网不同的应用类型和性能要求，形成多种体系结构，适应了分布式环境下的大规模数据管理需求	广域网运行和大容量存储需求	XFS、Tiger Shark 等
1996—2000	推广阶段	规模不断扩大，系统动态性不断增强，体系设计更多地关注系统的可靠性	存储局域网络 SAN 和网络附加存储 NAS 的广泛应用	GFS、GPFS 等
2001 以后	成熟阶段	提供高性能的存储、安全的数据共享访问、强大的容错能力，确保存储系统的高可用性	对象的存储文件系统融合了 SAN、NAS 的技术特性，解决了固有的性能瓶颈	Google FS、Amazon S3 等

第一阶段（1980—1990 年）是分布式文件系统的雏形阶段。早期的分布

式文件系统一般以提供标准接口的远程文件访问为目的，在受网络环境本地磁盘处理速度等方面限制的情况下，更多地关注访问性能和数据可靠性。这一阶段有代表性的文件系统主要是 NFS（Network File System）和 AFS（Andrew File System）。NFS 是 Sun 公司 1985 年开发并公开了实施规范的文件系统，互联网工程任务组（Internet Engineering Task Force，IETF）将其列为征求意见稿，促使 NFS 的部分技术框架成为分布式文件系统的标准。AFS 把分布式文件系统的可扩展性放在设计实现的首要位置，兼顾系统的高可用性，并着重考虑了复杂网络环境下的安全访问需求，与 NFS 形成有效的互补关系。可以说，以 NFS 和 AFS 为代表的早期文件系统构成了分布式文件系统的雏形，其在系统结构方面的探索和采用的协议及相关技术为后续分布式文件系统的设计提供了借鉴。

第二阶段（1991—1995 年）是分布式文件系统的发展阶段。这一阶段的分布式文件系统主要面向广域网和大容量存储需求，针对不同的应用类型和性能要求，形成多种体系结构，典型的文件系统有 XFS、Tiger Shark、Frangipani 等。XFS 借鉴当时先进的高性能对称多处理器的设计思想，通过在广域网上进行缓存来减少网络流量，采用多层次结构，很好地利用了文件系统的局部访问特性和缓存一致性协议，有效地减少了广域网运行的网络负载。Tiger Shark 针对大规模实时多媒体应用，关注多媒体传输的实时性和稳定性，采用资源调度、数据分片、元数据备份等技术，保证数据实时访问性能，提高系统的传输效率、并行吞吐率和可用性。Frangipani 关注系统的可扩展性和高可用性。在扩展性方面，采用了分层次的存储系统，提供支持全局统一访问的磁盘空间，并通过分布式锁实现同步访问控制；在可用性方面，该阶段的分布式文件系统基于虚拟共享磁盘提供容灾备份机制来处理节点失效、网络失效等故障。总体而言，这一阶段的分布式文件系统实现了从局域网向广域网的运行过渡，且更好地适应了分布式环境下的大规模数据管理需求。

第三阶段（1996—2000 年）是分布式文件系统的推广阶段。这一阶段网络技术的普及推动了网络存储技术的发展，使基于光纤通道的存储局域网络（SAN）和网络附加存储（NAS）得到了广泛的应用，从而推动了分布式文件系统的研究。在数据容量、系统性能、信息共享的需求驱动下，分布式文件系统的规模不断扩大，体系更加复杂，相关研究涉及物理设备的直接访问、磁盘的布局及检索效率优化、元数据的集中管理等多个方面，典型的文件系统有 GFS（Global File System）、GPFS（General Parallel File System）等，其系统设计中引入了分布式锁、缓存管理技术、文件级负载均衡等多种技术。总体而言，这一阶段的分布式文件系统的规模不断扩大，系统动态性不断增强，体系设计更多地关注系统的可靠性。

第四阶段（2001 年以后）是分布式文件系统的成熟阶段。这一阶段网络存储结构逐渐成熟，国际上主流的网络存储主要是 SAN 和 NAS。SAN 采用交换式结构，提供大规模存储节点的快速、可扩展互联，但其扩展性存在一定的瓶颈，且随着 SAN 连接规模的扩大，其安全性和可管理性也存在不足。NAS 采用 NFS 或 CIFS 协议提供数据访问接口，支持多平台间的数据共享，提高了可扩展性和可管理性，但协议开销和网络延迟较大，不利于高性能 I/O 集群应用。因此，这一阶段的文件系统将两种体系结构结合起来（NAS 基于文件级别的接口提供安全性和跨平台的互操作性，SAN 基于块级别接口提供快速和高性能访问），产生基于对象的存储文件系统（Object-Based Storage, OBS），其在性能、可扩展、数据共享以及容错、容灾等方面逐渐成熟，且对象存储的概念已经被工业界广泛认可。总体而言，该阶段分布式文件系统研究主要应对如下问题：①提供高性能的存储，在存储容量、性能和数据吞吐率方面能满足大规模的集群服务器聚合访问需求；②提供安全的数据共享访问，便于集群应用程序的编写和存储的负载均衡；③提供强大的容错能力，确保存储系统的高可用性。

二、系统整体架构

从目前的研究进展来看，分布式文件系统在结构上有对等结构和服务器结构两种结构。对等结构提供了客户 / 系统服务器的一致性视图，即系统中的服务器节点既是存储系统的系统服务器，又是数据服务器，同时处理本地数据需求和外来数据请求。对等结构可以提供高性能的可扩展性，但系统结构复杂，管理困难，仍处于研究阶段。服务器结构在数据服务器与系统服务器系统之间建立一对多或多对多的映射关系，明确功能划分，提高了系统的可管理性，是目前主要的结构模型。因此，本节暂不考虑基于对等结构的分布式文件系统，而是主要考察主流的服务器结构，并将其体系架构划分为传统的集中式客户端 / 服务器架构、单元数据服务器架构和多元数据服务器架构三类架构。

（一）传统的集中式客户端 / 服务器架构

该结构下的文件系统客户端将远程文件系统映射到本地文件系统，从而实现远程文件操作的目的，数据的传输、访问、交互均由文件服务器统一管理维护。这种模式限制了文件系统的扩展性，难以满足容量和性能增长的需求。

（二）单元数据服务器架构

该结构下的数据依据其访问特性划分为文件数据和元数据。文件数据的数据量较大，对访问延迟不敏感，吞吐量较大，且数据访问的并行性较高；元数据的数据量较小，对访问延迟要求较低，吞吐量较小，且不易并行处理。针对数据特性的不同，单元服务器架构实现了文件数据与元数据的解耦合，将元数据操作与文件 I/O 操作分离，形成元数据服务器与文件服务器的一对多映射关系的体系架构。

（三）多元数据服务器架构

该结构适应了分布式系统容量和性能增长的实际需求，针对大规模元数据管理（主要是 TB 级别）问题，采用元服务器集群对元数据进行管理，在一定程度上提高了系统的可扩展性，但数据的一致性、负载均衡、可靠性策略比较复杂。

现阶段典型分布式文件系统主要采用元服务器体系架构，图 5-1 给出了整体架构的一般性描述。

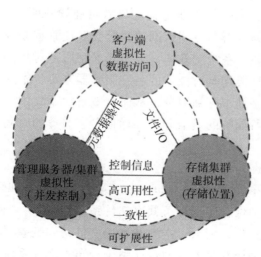

图 5-1 典型分布式文件系统整体架构的一般性描述

三、系统特征

（一）虚拟性

分布式文件系统是分布式操作系统的重要组成部分，其虚拟化特性在于实现了应用与底层分离的存储设备的解耦合。在分析典型分布式文件系统的技术架构和结构特性的基础上，虚拟化特性主要体现在存储位置、数据访问和并发控制三个方面。

1. 存储位置

分布式文件系统的存储位置虚拟性屏蔽了应用关联资源的物理位置，主要体现在文件系统的命名空间，即文件名中不包含具体的位置信息，由分布式文件系统完成逻辑文件到物理文件的映射。现有典型系统的命名问题包括名字服务的实现方式和名字空间的组织方式。

（1）名字服务的实现方式

名字服务的实现方式分为集中式和分布式两类。集中式名字服务的集群网络中存在单一的管理服务器，负责文件的存取、资源寻址、服务关联等工作，降低了管理的复杂性，保证了资源命名的唯一性。然而，集中式的体系架构的弊端在于单点问题，名字管理服务器的失效可能导致所有系统资源的不可用，同时该管理服务器与集群节点间数据的频繁交互使管理服务器成为系统的性能瓶颈，严重降低了整个系统的效率。分布式名字服务对集群网络的节点进行划分，生成的各节点集群均具有独立的名字服务器来负责本地名字空间访问和整个集群内的远程名字请求广播服务，从而有效解决了集中式架构存在的单点问题，但分布式体系所面临的通信开销和远程名字服务的时间延迟仍然是亟待解决的问题。

（2）名字空间的组织方式

典型分布式文件系统的名字空间组织主要有局部共享和全局共享两种方式。局部共享方式在本地保存了远程可共享文件系统的副本，通过本地和远程文件系统命名机制的一致性，消灭了本地和远程文件访问的差异性，实现了系统存储位置的透明性。全局共享方式通过在整个分布式文件系统上建立单一的全局文件名字空间，保证了集群中各节点文件命名空间和使用方式的同构性。相比而言，名字空间的全局组织方式比局部组织方式具有更高的虚拟性，但全局模式下的文件存取需要通过同步节点来关联存储节点，从而建立应用节点与存储节点的映射关系。因此，在应用节点、同步节点、存储节点位于不同位置的情况下，系统的数据交互开销较大。

2. 数据访问

分布式环境下的数据访问往往涉及多节点间的数据交互，数据访问的对象包括本地文件和远程文件。因此，数据访问的虚拟性主要关注屏蔽本地访问和远程访问机制的差异，形成全局统一的文件访问逻辑。现阶段的研究进展表明，上述目标主要通过服务调用技术和分布式缓存技术来实现。典型的服务调用技术基于远程过程调用协议（Remote Procedure Call Protocol，RPC），解决传输协议、参数传递、数据表示、接口定义和调用语义等问题。分布式缓存技术提供了单一的缓存逻辑视图，实现系统内缓存资源的统一管理，解决缓存数据粒度、缓存的统一编址和缓存一致性等问题。

3. 并发控制

并发控制主要针对分布式环境下多进程对同一文件的并发访问，提供有效的进程同步措施，形成有序的读写操作序列，其虚拟特性表现为目标文件不会因并发操作的干扰而处于不一致的状态。现有的分布式文件系统通常采用分布式数据库中原子事务的概念及相关技术来解决并发问题，在并发控制上满足两个要求：

（1）事务可恢复性，即事务的操作是可逆的，不会在计算机或网络故障下导致文件的不一致。

（2）串行等效性，即并发的事务执行结果与顺序无关。

针对上述设计要求，典型系统主要使用锁机制和优化并发控制算法来实现并发控制的透明性。由于锁机制在应对大规模访问请求的吞吐率方面有限制，并且存在死锁问题，同时优化并发控制算法的认证方法（主要是时间标签和版本控制技术）效率也不高，所以目前的研究进展也关注两种算法的有机融合，从而提高系统并发的吞吐率，避免死锁。

（二）可用性

分布式文件系统的可用性是指在分布式环境下，文件系统连续地为用户应用程序提供可用的文件服务和可靠数据服务的程度。如图5-2所示，从分布式文件系统的应用模式分析，系统的高可用性在保证各部件（客户端、服务端、存储资源）的高可靠性本质的基础上，需要考虑各环节的可靠性设计。分布式文件系统的运行包括客户端到服务端、服务端到存储端两个环节，对应图5-2

中的服务高可用性和数据高可用性。服务高可用性要求在系统关联服务连续性的工作部件失效后，仍能继续为客户端应用提供可用的文件服务和可靠的数据服务，但当系统的数据部件（如磁盘）失效后，将不再为用户的应用程序提供可用的文件服务和可靠的数据服务。针对服务高可用性问题，系统通常提供高可用性的冗余网络设备，在网络设备出现问题时，利用冗余的网络设备保证客户和服务器之间的连接，同时系统本身的故障反馈也保证了文件服务的连续性。数据高可用性要求在系统中的数据部件失效后，可以提供不间断的文件、数据服务，但当系统的非数据部件失效后，将无法提供可用的文件服务和可靠的数据服务。在系统数据部件发生故障时，系统通常提供高可用性的磁盘冗余，并利用磁盘冗余来保证文件服务的连续性。

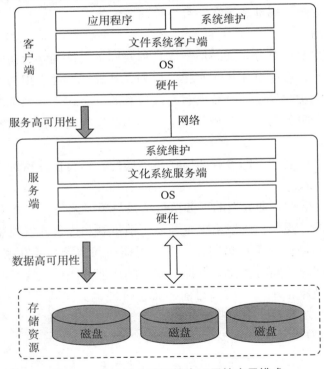

图 5-2　分布式文件系统高可用性应用模式

从服务、数据这两个维度梳理分布式文件系统高可用性，其关键点如下：

1. 文件系统失效监控

失效监控是实现文件高可用性的重要环节，需要准确及时地发现文件系统中的故障，在提高可用性的同时有效降低虚警对系统效率的影响。现有的分布式文件系统主要使用两类失效监控技术。

（1）心跳技术

心跳监测是目前高可用性系统普遍采用的失效监控技术，通过容错网络或专用 RS-232 侦测网络在节点间定时发送心跳信号，主机监测进程依据一定时间内接收的心跳信号数量来判断对方节点是否失效。针对虚警问题，主要采用专用侦测网络来防止系统负载过重时影响心跳信号而产生的虚警。

（2）Agent 技术

不同于心跳技术的系统整体监测，Agent 技术应用于监测系统中各个功能部件的工作状态。针对不同应用所依赖的系统功能来设计相应的 Agent，从而实现功能部件失效相对于具体应用的透明性。

2. 服务高可用性技术

服务高可用性关注服务的连续性处理，在系统发生故障时确保服务端运行状态的应用程序仍能提供有效的文件系统服务。服务高可用性处理比较复杂，需要综合考虑管理服务连续性的功能部件失效情况，实现三类机制：

（1）客户端请求重发机制，在服务器连接可用条件下重发尚未完成的请求。

（2）网络冗余机制，屏蔽网络设备失效对客户端与服务器通信的影响。

（3）服务器接管机制，针对服务器失效实现运行环境的实时迁移，通过服务器集群中的其他节点来接管当前失效节点，使失效服务器能够快速重启并恢复到失效前的状态。

3. 数据高可用性技术

数据高可用性是主要针对分布式文件系统的数据部件（磁盘）失效而提供有效冗余机制。从硬件角度看，现有系统使用冗余磁盘阵列，通过磁盘阵列（Redundant Arrays of Inexpensive Disks，RAID）具备的数据校验功能，在磁盘失效时重建失效磁盘上的数据。从软件角度看，主要使用复制技术来增强可用性、可靠性和操作自治性。复制技术关注透明性和一致性两个方面：透明性提供单一的文件映像，要求复制文件的副本数目及位置对应用是透明的；一致性是保证多副本在数据级别的一致。复制技术涉及的方法很多，如只读复制、读任意副本/写所有副本协议、可用性拷贝协议、主拷贝协议、基于定额协议等。不同的分布式文件系统主要依据如何维护复制的一致性来选取同步复制或异步复制策略。

（三）扩展性

分布式文件系统的可扩展性可以从性能和管理两个方面进行分析：性能可扩展性要求系统的性能增长与规模扩大呈线性关系；管理可扩展性要求系统规模的扩大不会带来管理复杂度的过度增加。针对管理可扩展性，现有分布式文件系统主要依据存储虚拟化对系统进行层次划分，屏蔽存储细节，实现动态负载平衡，技术相对比较成熟。对于性能可扩展性，现有系统通常基于元数据（文件属性、目录结构、空间使用情况等信息）服务器集群来动态添加存储设备，并服务于客户端文件访问频度的增加。性能可扩展性是目前研究的一个热点问题，此处主要对此展开讨论，并着重从元数据管理层面进行关键技术梳理。

1.元数据组织技术

对于主流的元数据服务器架构，管理服务器上元数据的组织和划分对系统服务性能和扩展性有着重要影响。根据元数据的存储和处理方式，将分布式文件系统的扩展性体系架构分为分布存储／分布处理和集中存储／分布处理两类。

（1）分布存储／分布处理

该模式下元数据按指定方式分布到元数据管理服务器，两者的映射关系是固定不变的。常用的映射划分方法包括静态子树划分和哈希方法。静态子树划分方法将文件系统组织成目录树结构，形成固定的文件视图。这种方法实现简单，能够充分利用文件系统访问的局部性，文件定位效率较高，但系统伸缩性差，集群规模的扩张会导致大数据量的迁移。哈希方法通过哈希函数来分配和定位元数据，能够实现元数据的均匀分布，有效地减少系统规模扩张的数据迁移开销。但哈希方法难以利用文件系统访问的局部性，对文件系统访问语义支持性不高。

（2）集中存储／分布处理

该模式下元数据存储于共享设备中，元数据与管理服务器存在动态映射关系，即各管理服务器分别负责一部分目录子树并处理相应的元数据操作。常用的映射划分方法包括动态绑定方法和动态子树划分方法。动态绑定方法是将元数据保存在共享磁盘中，元数据操作请求由绑定服务器根据约束规则和管理服务器集群的负载状况进行调度，形成元数据与管理服务器的一一对应关系。这种方法扩展性好，负载均衡能力较强，单元数据与服务器的单一映射难以应对热点数据，且在大数据环境下绑定服务器容易成为系统的瓶颈。动态子树划分方法是将元数据保存在共享的存储系统中，由管理服务器对目录子树进行缓存并处理相应的元数据操作，同时客户端缓存已知的元数据与管理服务器的对应关系，减少了数据访问迁移的开销，且系统的伸缩性较好，可以平滑地进行管理服务器集群的扩展。该方法的扩展性和负载均衡性具有较高的研究价值，但系统的一致性问题仍待解决。

2.元数据管理技术

元数据管理分为集中式管理和分布式管理两种方式。

（1）集中式管理指在系统中设置专门的元数据管理节点，负责存储系统元数据和处理客户端文件访问的元数据请求。集中式管理实现简单，一致性维护容易，在一定操作频度内可以提供较好的性能，是目前大多数集群文件系统采用的主要元数据管理方式。该管理方式的缺点是存在单点问题，管理服务器的失效会导致整个系统无法运作，同时随着元数据操作频度的增加，集中的元数据管理将成为系统的性能瓶颈。

（2）分布式管理指将元数据分布于系统存储节点并进行动态迁移，元数据请求由集群统一调度，通过将数据分散存储到多个节点，使系统的数据存取得以线性扩展。元数据的有效分布管理是影响系统大规模条件下扩展性的主要因素，因此元数据的分布式管理成为现阶段的研究重点。针对这一问题，目前存在两种解决方案：

①摒弃文件系统的概念，通过命名空间结构来替代传统文件的目录树，典型技术，如 Amazon S3 使用的对象存储技术，提供两层名字空间结构。

②在提供系统文件目录树的前提下，典型技术，如 Ceph，基于可扩展存储层 RADOS 实现层次文件系统管理和层次分发函数 CRUSH。

（四）一致性

分布式多进程环境下，进程往往分布在组成并行计算机的大量节点或集群的计算机上，该模式下分布式文件系统采用类似 RAID 的体系结构，文件分片存放于多个节点，并提供多条不同的网络路径，以适应多进程的并发访问需求。分布式环境下的高度并行带来了多方面的问题，如本机多任务并行困难、多机并行困难、多副本数据管理、网络延迟不可预测等，而这些问题的核心在于一致性维护管理。分布式文件系统的一致性模型包括元数据和文件数据两个方面。

1.元数据一致性

在分布式文件系统中元数据主要分布于客户端缓存、元数据管理服务器缓存和存储设备中，元数据一致性要求在三者之间建立统一映像，因此元数据管理的一致性问题可以归结为缓存的一致性。缓存一致性关注应用服务器访问分布式文件系统的文件和目录内容之间的一致性关系，目前主要有两种解决方案：

（1）在缓存更新的同时关联其余缓存，这种方式可能导致额外的计算开销。

（2）在缓存更新的同时使其余缓存失效，关联节点以按需更新的方式重新读取数据。

现有文件系统主要基于可移植操作系统接口（Portable Operating System Interface，POSIX）语义来实现缓存的一致性。POSIX 语义通常用于本地文件系统，要求关联的进程在文件或目录的属性内容被修改时能够实时做出响应，但分布式环境下的严格 POSIX 语义在同步文件属性和内容时会导致严重的计算和网络资源开销。因此，分布式文件系统往往采用折中的方式降低上述语义的严格性，典型方法有访问时间语义、服务器回调机制、客户端回写和透写策略等。

2. 文件数据一致性

分布式文件系统通过同步多节点对共享文件数据的访问来保证文件数据的一致性，这种文件访问的同步主要利用锁管理来实现。锁管理有集中锁和分布式锁两种处理方式。集中锁指分布式文件系统中只有一个锁管理器，实现比较简单，但效率低下，且存在严重的单点问题。分布式锁指系统中通过锁管理器集群来同步文件访问，典型的分布式锁包括分段访问和交叉访问两种模式。分段访问模式针对单一节点连续访问文件中的较长区段进行加锁，主要技术有范围锁、资源锁、记录锁和意图锁等机制。交叉访问模式针对多节点交叉访问文件的不连续区段进行加锁，以页或块为单元，引入单元管理者机制，系统中各个被写单元都具有一个管理节点，其他节点对单元的修改需要发送给管理节点，管理节点合并和提交到服务器。现阶段交叉访问模式的锁机制仍处于研究阶段，典型技术有 Chubby、Debby 互斥锁等。

（五）安全性

在不可信网络环境下，分布式文件系统的规模和数据存储模式存在固有的安全风险，如分布式环境下的数据存储、传输和保密性问题，节点服务器的密钥安全管控问题等。同时，支撑云存储的分布式文件系统安全的本质在于信任问题，即提供可信的文件服务。因此，广义分布式文件系统主要提供两类安全保护：

（1）数据存储安全，保护文件系统中的数据不被窃取、篡改和破坏。

（2）信任管理，提供共享文件的可信任性评估。信任管理需要分析共享文件本身的安全性，涉及文件源判断和文件发布者的可信度评估，这些过程实现起来比较困难，目前缺乏有效的解决方案。数据存储安全可分为数据传输安全和数据加密存储两个方面。

1. 数据传输安全

针对网络传输线路不可信的问题，数据传输安全研究集中在安全传输协议方面，包括用户身份认证和通过数据加密实现安全连接。例如，Coda 使用身份验证服务器 AS 来发送会话密钥，客户端可以从 AS 获取身份验证令牌（包括用户标识符、令牌标识符、有效时间等），并通过令牌验证与服务器建立通信密钥。

2. 数据加密存储

数据加密存储在三个层次上实现：

（1）应用程序层，通过应用层的文件加密程序对保护数据进行加密，密钥管理往往依赖用户自行处理。

（2）存储设备层，提供磁盘级的数据加密，主要工作在操作系统内核层，实时地对写入磁盘的数据进行加密，并对读取的数据进行解密。

（3）文件系统层，在文件相关的系统调用中，基于单个文件或文件目录对数据进行加解密。

四、系统分析

可以将分布式文件系统的发展大致分为两个阶段：网络文件系统和共享存储集群文件系统。

（一）网络文件系统分析

网络文件系统（Network File System，NFS）的研究重点在于实现网络环境下的文件共享。网络文件系统的服务器端基本为对称结构，存储节点间不能共享存储空间，服务器对外提供统一的命名空间（目录树），通过每个服务器存储不同目录子树的方式实现扩展。

1. 典型结构

NFS 是最早开发的分布式文件系统，由 Sun 公司于 1985 年推出，现已经历了四个版本的更新。NFS 利用 UNIX 系统中的虚拟文件系统（VFS）机制，通过规范的文件访问协议和远程过程调用，将客户机对文件系统的请求转发到服务器端进行处理。服务器端基于 VFS 并通过本地文件系统完成文件的处理，实现全局的分布式文件系统。图 5-3 给出了 NFS 的体系结构。

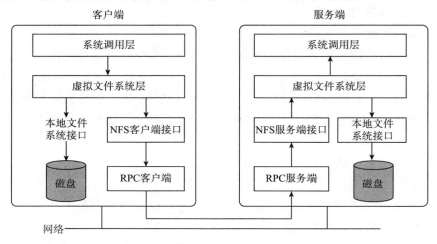

图 5-3　NFS 体系结构

NFS 的核心思想是各文件服务器提供本地文件系统的标准化视图。由于采用共享文档和缓冲机制，系统中的各服务器节点支持相同的模型，可以在服务器端和客户端之间进行切换，但客户与服务器是非对称的。其机制总结如下：

（1）命名机制

NFS 命名模型的基本思想是为客户端提供完全透明的远程系统访问机制。访问机制的透明性允许客户端在本地装载远程文件系统，客户端向服务器提交文件访问请求，由服务器输出相应目录子项并复制到客户端的本地命名空间。

（2）通信机制

针对不同操作系统、网络结构和传输协议的独立性，NFS 通过远程过程调用 RPC 机制来进行客户机与文件服务器间的通信，遵循开放式网络计算 RPC 协议及数据标准，从而屏蔽异构环境（主要是操作系统和网络）间的差异。

（3）同步机制

NFS 的同步机制包括两个方面：

①文件共享语义，NFS 实现了分布式系统的会话语义，保证了文件关闭之前的所有改动对其进程是不可见的。

②缓存有效性验证机制，采用时间戳技术来标识文件的修改时间，从而减少缓存数据不一致的持续时间。

（4）缓存机制

NFS 在客户端和服务器端同时采用了高速缓存技术来提高系统性能。服务器端缓存在单机文件系统基础上将缓存写操作修改为实时写入，从而避免了服务器故障导致的数据丢失。客户端对文件属性和文件数据分别进行缓存，减少了频繁的网络传输导致的系统开销。

（5）安全机制

NFS 的基本思想是屏蔽远程文件系统和客户端本地文件系统提供服务的差异性，因此，NFS 的安全性主要集中于客户端与服务器之间的通信，在关注安全RPC 的同时，通过控制文件属性和验证客户访问权限来实现文件访问的安全性。

2. 主要产品

常见的网络文件系统有 AFS、Coda、DFS 、Zebra 和 SpriteFS 等。

（1）AFS 是由美国卡耐基梅隆大学（CMU）和 IBM 公司联合成立的信息技术中心（ITC）研制开发的分布式文件系统。AFS 的主要设计目标是实现良好的可扩展性，采用机群式的体系结构，支持组织结构的自治性和可扩展性。同时，AFS 提供了对话期间文件共享语义，保证文件的修改状态对后续文件访问请求的可见性，并基于回调的缓存机制减少了服务器的网络负载开销。AFS 在实现良好的可扩展性的同时存在如下问题：

①可用性不高，系统服务器使用"有状态"模型，即文件服务依赖已执行的文件请求历史，服务器故障可能导致关联该服务器的共享空间的失效。

②响应延迟较长，系统使用的文件共享语义在多客户端并发访问的条件下，无法保证文件的修改操作可以及时地反馈到关联客户端。

（2）Coda 是由 CMU 基于 AFS 开发演变而来，基本沿用了 AFS 的体系架构，其主要改进系统的可用性，体现在以下两个方面。

①客户端修改日志（Client Modification Log，CML）管理。Coda 的设计目标是构建大规模的分布式文件系统，针对大规模系统中因服务器故障或者网络导致通信失败问题，Coda 将文件的修改操作记录到 CML 中，并在服务器或者网络连接恢复时对客户的文件操作进行重演，从而支持客户端的暂时性断网操作。此外，Coda 提供了带宽适应机制，实现了对网络通信性能的感知，保证

CML 重演可以适应不同的网络带宽和传输延迟，同时提供了版本控制机制，对重演过程进行版本和属性记录，从而实现数据恢复过程中的快速版本定位。

②可用容量存储（Available Volume Storage Group，AVSG）同步。Coda 服务器使用类似 CML 的方法来记录 AVSG 的更新数据。针对客户数据和服务器数据的同步问题，使用两阶段更新协议（Two Phase Update Protocol，TPUP）为 AVSG 构造 Version Stamp 进行客户数据与服务器数据的版本比对，并依据 Version Stamp 信息和服务器的更新日志对不同版本的数据进行版本仲裁。

（3）DFS 是分布式计算环境（Distibuted Computing Environment，DCE）的重要组成部分，也是支持弱连接环境的分布式文件系统。DFS 是基于 AFS 文件系统进行研究开发的，在体系结构和协议上与 AFS 相似。DFS 主要针对文件共享语义进行改进，实现了 UNIX 文件共享语义，使用令牌机制取代了 AFS 的回调机制，从而实现了缓存副本数据的全局唯一性。总体而言，DFS 的结构比较复杂，特别是令牌管理机制、高速缓存的一致性的维护机制。

（4）Zebra 由美国加州大学伯克利分校开发，设计目标是进一步提升文件系统的访问性和可用性。Zebra 的设计思想借鉴了日志结构文件系统（Log-structured File System，LFS）和 RAID 技术，通过在多服务器上分条存储文件数据来提高吞吐率，分为两种情况：一是针对单个大文件使用传统的分条策略对文件进行切分并分布存储于多个服务器；二是针对大量小文件使用合并策略将多个写操作合并成统一的请求数据流，并以追加方式在文件末尾进行数据更新。此外，在可用性方面使用 RAID 技术在分片存储文件数据的同时关联分片的奇偶信息，保证文件服务器失效情况下的不间断文件服务。避免机制实现烦琐，目前没有得到广泛的应用。

（5）SpriteFS 也是美国加州大学伯克利分校开发的分布式文件系统，是 Sprite 网络操作系统的重要组成部分。SpriteFS 的体系结构设计主要关注两个方面：

①访问性能，系统通过缓存技术在服务器端和客户端使用大容量主存来缓存文件数据，这一方面减少了数据请求的延时，另一方面有效控制了多进程高并发访问环境下的磁盘读取次数。

②缓存一致性，系统针对多客户端缓存中副本一致性问题，在写共享发生频率较低的前提下，采用简单的读写锁来实现并发访问，并通过虚拟内存交互

来动态改变文件系统缓存的大小，进一步提升系统性能。SpriteFS 存在的问题主要是应对并发请求时的系统性能不高，且体系结构设计上没有考虑可用性。

（二）共享存储集群文件系统分析

共享存储集群文件系统的研究重点在于负载均衡和缓存一致性。共享存储集群文件系统使用对称结构，计算节点之间共享存储空间，维护统一的命名空间和文件数据。由于节点的紧耦合特性，需要复杂的协同和互斥操作实现节点间共享临界资源（存储空间、命名空间、文件数据）的访问透明，所以分布式锁机制的设计是影响系统性能的主要因素。

相比于网络文件系统，共享存储集群文件系统在性能和可管理性上取得了突破性发展，并逐步趋于成熟，生产、教学、科研各界均对此开展了深入的研究。下面结合现有的研究成果，依据数据组织方式将共享存储集群文件系统划分为数据集中模式和数据分离模式两类，分别进行体系结构剖析和特性梳理。

1. 数据集中模式

数据集中管理对应于无元数据服务器结构，这种结构中数据和元数据不分离，理论上扩展性能良好，但需要使用专门的锁服务器维护系统的同步机制。以下着重以 GFS、GPFS 为例对该类文件系统进行介绍。

（1）GFS（Global File System）

该系统是美国明尼苏达大学研制的基于 Linux 的共享磁盘模型的机群文件系统，体系架构如图 5-4 所示，采用无集中服务器结构，允许多台机器同时挂载并访问共享设备上的文件，节点通过 SAN 直接连到存储设备上。客户与机群中的共享磁盘使用光纤通道连接，可以直接访问磁盘设备。此外，GFS 可以通过网络与 NFS 相连以提高系统的扩展性能。具体特性分析如下。

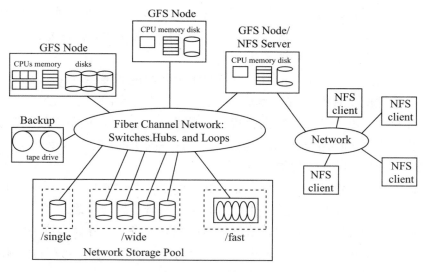

图 5-4　GFS 体系架构

①对等结构

系统基于共享磁盘构建了服务器集群的对等结构，集群网络中的节点同时具有数据管理和数据访问功能。这种无集中服务器结构消除了单点故障问题，提高了访问数据的可靠性。

②设备锁机制

系统使用设备锁来控制多个主机对同一磁盘数据的修改。设备锁在存储设备上实现，作用范围扩展到网络中所有节点，并通过节点间元数据和数据的同步机制实现 UNIX 文件共享语义。

③文件系统日志

GFS 使用事务来表示文件系统状态的修改操作，日志模块接收事务模块发送的元数据并写回磁盘。日志模块中的各个日志项均具有一个或多个相关锁，用以保护管辖范围的元数据，允许调用恢复内核进程进行日志空间恢复。

（2）GPFS（General Parallel File System）

该系统是 IBM 公司开发的高性能集群文件系统，使用无集中服务器结构，体系架构如图 5-5 所示，主要包括集群节点、光纤交换网络和共享存储三部分。集群节点负责运行文件系统和应用程序；光纤交换网络用于各节点通过 Switching Fabric 与 SAN 存储区域网络相连，各节点对磁盘设备具有相同的访

问权限；共享存储采用共享磁盘结构，实现数据和元数据的条块化存储。具体
特性分析如下。

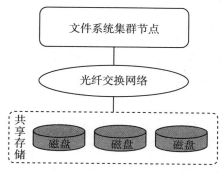

图 5-5 GPFS 体系架构

①共享磁盘同步

系统保留了 POSIX 语义，要求在多重节点上同步存取数据和元数据。针对
共享磁盘同步问题，使用分配锁定和集中管理技术来提供不同粒度的分布式锁
机制，以解决系统中的并发访问和数据同步问题。

②大文件存取

针对大文件的高吞吐量存取，系统将文件切分成固定大小的数据块，并条
块化分布存储在多个磁盘和多重磁盘控制器上，通过调节器、存储控制器和磁
盘容错来减少数据块的寻址开销，提高文件存取的并发响应速度。

③日志技术

系统采用日志技术进行在线故障恢复，每个节点的日志都记录在共享磁盘
中，在单个节点失效时，系统中的其他节点可以从共享磁盘中检查失效节点的
操作日志，进行元数据的恢复操作。

④文件目录管理

使用扩展哈希技术来支持文件目录树的创建，实现文件名在系统名字空间
的均匀分布，提高文件的查找和检索效率，同时支持在线动态添加、减少存储
设备，新增节点可以无缝接入存储网络，并平衡文件数据存储，保证了系统的
可扩展性。

2. 数据分离模式

数据分离模式对应于专用元数据服务器结构，这种结构将文件数据和元数
据分离，针对这两类数据的特性分别进行管理，理论上可管理性良好，如元数

据的访问需要低延迟，而文件数据的访问需要高带宽，因此，这类文件系统的元数据和文件数据传输使用不同的网络。下面着重以 Lustre 和 Storage Tank 为例进行介绍。

（1）Lustre

该系统是 Cluster File System 公司推出的面向下一代存储的分布式文件系统，关注集群存储的两个主要问题：

第一，提高数据共享能力，便于集群应用程序的编写和存储的负载均衡。

第二，提供高性能存储，适应大规模集群服务器聚合访问的高吞吐率需求。Lustre 主要用于 Linux 操作系统平台，并提供 POSIX 兼容的 UNIX 系统接口。采用集中存储体系架构，基于对象存储技术，实现元数据和存储数据的分离，主要包括三个子系统，即客户端文件系统（Client File System，CFS）、元数据服务器（Meta-Data Server，MDS）和对象存储服务器（Object Storage Server，OSS）。

①客户端文件系统

客户端运行集群文件系统，与存储服务器进行文件数据流交互，并与元数据服务器进行命名空间操作的控制流交互。客户端提供透明的全局文件系统访问，屏蔽数据存储的复杂性，形成数据访问的统一逻辑视图。

②对象存储服务器

对象存储服务器主要负责与文件数据相关的锁服务及实际的文件 I/O，并将 I/O 数据保存到后端基于对象存储设备中。对象存储具有较高的智能特性，对外提供基于对象的读写接口，而且可以自主进行负载均衡和故障恢复，同时极大地降低了元数据管理的复杂性。

③元数据服务器

元数据服务器负责文件系统的目录结构、文件权限和文件的扩展属性，并维护整个文件系统的数据一致性，响应客户端请求。此外，元数据服务器使用带意图的锁，明显减少了客户端和服务器端的消息传递。

（2）Storage Tank

该系统是由 GPFS 进化而来的分布式文件系统，设计目标是提供异构的分布式环境下的统一存储管理，并能够提供高性能存储、高可用性、可扩展性和集中的自动管理等功能。体系结构采用元数据和数据相分离的结构：在元数据管理上，使用多元数据服务器架构进行元数据的分布处理，消除了单一元数据服务器的性能瓶颈；在数据管理上，通过客户节点与元数据服务器间的控制信息来定位文件数据位置和完成磁盘数据传输，同时利用存储区域网技术实现大量异构客户端对共享存储设备的低延迟直接访问。

第二节　块存储技术

一、块存储概述

块存储是一种基于存储网络的、可弹性扩展的、可由云主机进行管理和使用的原始块级存储卷设备。块存储挂载进云主机后的使用方式与现有普通硬盘的使用方式完全一致。块存储用于向云主机提供块级存储卷以持久化数据。块存储具有安全可靠、高并发、大吞吐量、低时延、简单易用的特点。简单来说，块存储就是提供了块设备存储的接口，通过向内核注册块设备信息，在Linux 中通过 lsblk 可以得到当前主机上的块设备信息列表。

二、常见的块存储设备

块存储技术的基础是底层的硬件存储设备，这些硬件存储设备可能是机械硬盘、固态硬盘或磁盘阵列。通过阵列控制层的设备，可以在同一个操作系统下协同控制多个存储设备，这些存储设备在操作系统层被视为同一个存储设备。

（一）机械硬盘

机械硬盘就是传统的普通硬盘，主要由盘片、磁头、盘片转轴及控制电机、磁头控制器、数据转换器、接口、缓存等部分组成。磁头可沿盘片的半径方向运动，加上盘片每分钟几千转的高速旋转，磁头就可以定位在盘片的指定位置上进行数据的读写操作。信息通过离磁性表面很近的磁头，由电磁流来改变极性的方式被电磁流写到磁盘上，信息可以通过相反的方式读取。

当需要从硬盘上读取一个文件时，首先会要求磁头定位到这个文件的起始扇区。这个定位过程包括两个步骤：一是磁头定位到对应的磁道；二是等待主轴马达带动盘片转动到正确的位置。这个过程所花费的时间被称为寻址时间。也就是说，寻址时间实际上包含两部分：磁头定位到磁道的时间为寻道时间；

等待盘片转动到正确位置的时间称为旋转等待时间。磁盘性能受寻址时间和读取等待时间两个因素影响。

（二）固态硬盘

目前，固态硬盘的生产工艺日趋成熟，单位容量价格有所下降，固态硬盘替代机械硬盘是一个必然趋势。固态硬盘的结构和工作原理与机械硬盘大不一样。它主要由大量 NAND Flash 颗粒、Flash 存储芯片、SSD 控制器主控芯片构成。它们三者的关系可由图 5-6 表示。

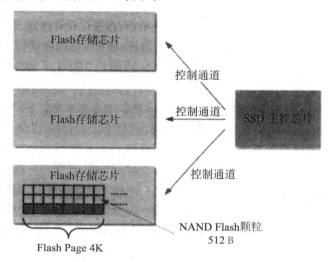

图 5-6　NAND Flash 颗粒、Flash 存储芯片、SSD 控制器主控芯片的关系

在一个固态硬盘上会有若干 Flash 存储芯片（可能有 2 颗、4 颗、8 颗等），每颗存储芯片内部包含大量 NAND Flash 颗粒，2016 年 NAND Flash 颗粒的制作工艺已经达到 12 nm。无论 NAND Flash 颗粒的制作工艺如何，每一个单位的存储容量都是 512 B。多个 Flash 存储芯片被一个 SSD 主控芯片控制，SSD 主控芯片的主要工作包括识别来自外部接口（PCI-E、SATA 等）的控制指令、在将数据写入 Flash 存储芯片前接收和压缩这些数据、在将数据送入内存前解压从 Flash 存储芯片读取的数据、完成 LBA 和 PBA 的映射转换等。

（三）磁盘阵列

磁盘阵列（Redundant Arrays of Independent Disks，RAID）有"独立磁盘构成的具有冗余能力的阵列"之意。磁盘阵列是由很多价格较便宜的磁盘组合成的一个容量巨大的磁盘组，利用个别磁盘提供数据所产生的加成效果提升整个磁盘系统效能。利用这项技术，可以将数据切割成许多区段，分别存放在各个硬盘上。

三、块存储服务

（一）单机块存储

一个硬盘是一个块设备，内核检测到硬盘后，在 /dev/ 下会看到 /dev/sda/，为了用一个硬盘来得到不同的分区，进而完成不同的工作，使用 fdisk 工具可得到 /dev/sda1、/dev/sda2 等，这种方式是通过直接写入分区表来规定和切分硬盘，属于传统的分区方式。为优化单机块存储管理性能，提出了 LVM & Device-mapper。LVM 是一种逻辑卷管理器，通过 LVM 对硬盘创建逻辑卷组和得到逻辑卷的方式比 fdisk 方式更有弹性。Device-mapper 是一种支持逻辑卷管理的通用设备映射机制，为存储资源管理的块设备驱动提供了一个高度模块化的内核架构，LVM 是基于 Device-mapper 的用户程序实现。

（二）分布式块存储

在极具弹性的存储需求和性能要求下，单机或者独立的 SAN 越来越不能满足企业的需要。如同数据库系统一样，块存储在 scale up 的瓶颈下也面临着 scale out 的需要。我们可以用以下几个特点来描述分布式块存储系统的概念：

（1）分布式块存储可以为任何物理机或者虚拟机提供持久化的块存储设备。

（2）分布式块存储支持强大的快照功能，快照可以用来恢复或者创建新的块设备。

（3）分布式存储系统能够提供不同 I/O 性能要求的块设备。

目前常见的分布式块设备管理方式有 Cinder、Ceph、Sheepdog 等。

1. Cinder

OpenStack 是目前流行的 IAAS 框架，提供了 AWS 类似的服务且兼容其 API。其中，OpenStack Nova 是计算服务，Swift 是对象存储服务，Quantum 是网络服务，Glance 是镜像服务，Cinder 是块存储服务，Keystone 是身份认证服务，Horizon 是 Dashboard，另外还有 Heat、Oslo、Ceilometer、Ironic 等项目。

Cinder 是 OpenStack 中提供类似 EBS 块存储服务的 API 框架，它并没有实现对块设备的管理和实际服务，而是用来为后端不同的存储结构提供统一的接口，不同的块设备服务厂商在 Cinder 中实现其驱动支持。后端的存储可以是

DAS、NAS、SAN、对象存储或者分布式文件系统。也就是说，Cinder 的块存储数据完整性、可用性保障是由后端存储提供的。在 Cinder Support Matrix 中可以看到众多存储厂商（如 NetApp、IBM、SolidFire、EMC）和众多开源块存储系统对 Cinder 的支持。

2. Ceph

Ceph 是开源实现的 PB 级分布式文件系统，其分布式对象存储机制为上层提供了文件接口、块存储接口和对象存储接口。Ceph 目前是 OpenStack 支持的开源块存储实现系统，其分为三个部分：OSD、Monitor、MDS。OSD 是底层对象存储系统，Monitor 是集群管理系统，MDS 是用来支持 POSIX 文件接口的 Metadata Server。Ceph 专注于扩展性、高可用性和容错性，放弃了传统的 Metadata 查表方式，而改用算法去定位具体的块。

利用 Ceph 提供的 RULES 可以弹性地制定存储策略，Monitor 作为集群管理系统掌握了全部的 ClusterMap，Client 在没有 Map 的情况下需要先向 Monitor 请求，然后通过 Object id 计算相应的 OSD Server。

Ceph 支持传统的 POSIX 文件接口，因此，需要额外的 MDS（Metadata Server）支持文件元信息（Ceph 的块存储和对象存储支持不需要 MDS 服务）。Ceph 将 Data 和 Metadata 分离到两个服务上，相比传统的分布式系统（如 Lustre）可以大大增强扩展性。

Ceph 作为块存储项目时，有几个问题需要考虑：

（1）Ceph 在读写上不太稳定，目前 Ceph 官方推荐 XFS 作为底层文件系统。

（2）Ceph 较难扩展，接入 Ceph 需要较长时间。

（3）Ceph 的部署和集群不够稳定。

3. Sheepdog

Sheepdog 是用于 QEMU/KVM 和 iSCSI 的分布式存储系统。它提供高可用性的块级存储卷，可以连接到 QEMU/KVM 虚拟机。Sheepdog 可扩展到数百个节点，并支持高级卷管理功能，如快照、克隆和精简配置。与 Ceph 相比，它的优势是代码短小、易于维护和 hack 的成本很低。Sheepdog 也有很多 Ceph 不支持的特性，如 Multi-Disk、Cluster-wide Snapshot 等。其架构如图 5-7 所示。

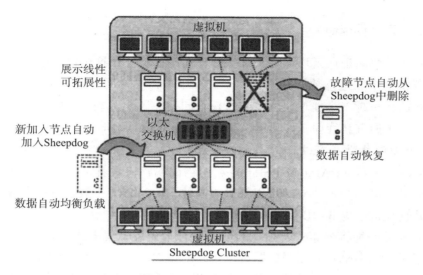

图 5-7 Sheepdog 架构图

Sheepdog 主要由集群管理和存储服务两部分组成。集群管理目前使用
Corosync 或者 ZooKeeper 来完成，其存储服务的特点是在 Client 和存储 host 有
Cache 的实现，从而大幅减小了数据流量。

第三节 文件存储技术

一、文件存储概述

文件存储也叫文件级或者基于文件的存储，以一种分层的结构存储数
据。数据保存于文件和文件夹中，以同样的格式用于存储和检索。对于
UNIX、Linux 系统，利用网络文件系统（NFS）协议能够访问这些数据；对
于 Windows，可使用服务器消息块（SMB）协议进行访问。NFS 最初由 Sun
Microsystems 开发，用来支持客户端存储和浏览服务器端文件，就好像它们在
客户端计算机上操作一样。全部或者部分文件系统能够安装于服务器上，客户
能够指定文件的访问权限。SMB 通过由客户端到服务器端的数据包传递来响应
请求。文件存储具有造价低、方便共享文件的优点，其缺点在于读写速率低、
传输速率低。

二、云文件存储

云文件存储是在云环境下实现文件存储的模型。在这个模型中，数据被存储在逻辑池中。这些数据并非存在于一个服务器中，而是跨越了多个服务器，有时候还会跨越多个地理位置，分布在不同的地区。这些存储的云文件一般是由一个公司拥有和管理，如阿里、谷歌、微软、亚马逊等。

（一）网络附属存储

NAS（Network Attached Storage，网络附属存储）就是一种云文件存储技术，通过不同的配置，NAS 可以提供不同的服务。NAS 一般含有一个或多个硬盘，并且经常组成 RAID 或冗余存储容器。

NAS 是一种将分布式、独立的数据整合为大型、集中化管理的数据中心，以便于对不同主机和应用服务器进行访问的技术。简单地说，NAS 就是连接在网络上，具备文件存储功能的装置，因此，也称为"网络存储器"。它是一种专用数据存储服务器，以数据为中心，将存储设备与服务器彻底分离，集中管理数据，达到释放带宽、提高性能、降低总成本等目的。其成本远远低于使用服务器存储，而效率却远远高于使用服务器存储。

NAS 作为一种特殊的专用数据存储服务器，包括存储器件（如磁盘阵列、CD/DVD 驱动器、磁带驱动器或可移动的存储介质）和内嵌系统软件，可提供跨平台文件共享功能。NAS 通常在一个 LAN 上占有自己的节点，无须应用服务器的干预，允许用户在网络上存取数据。

现有的 NAS 架构大致分为传统的纵向扩展架构、集群 NAS 架构和 CloudNAS 架构三种。

1. 传统的纵向扩展架构

在纵向扩展架构中，需要在目前采用的存储系统的基础上增加存储容量，以满足增加的容量的需求。

随着数据存储需求的日益增加，纵向扩展可以解决容量不足的问题，同时不用增加基础的结构原件，也不必增加新的服务器。然而，这样的服务器需要额外的空间、电力以及随之而来的冷却成本。而且纵向扩展无法提高整个系统的控制能力，难以有效应对额外增加的主机活动。

2. 集群 NAS 架构

集群 NAS 架构又可以分为三种主流的技术架构：基于 SAN 的共享存储架构、集群文件系统 NAS 架构和并行 NAS 架构。

（1）基于 SAN 的共享存储架构

NAS 提供的内容包括存储设备和一个文件系统。这通常和 SAN（Storage Area Network，存储区域网络）的概念相悖。它仅提供基于块的存储，而将文件系统的问题留给客户端解决。

NAS 和 SAN 的区别，简而言之，就是 NAS 对客户端操作系统而言仍然是一个文件服务器，但是对 SAN 来说，挂载在其中的一块硬盘能够像本地磁盘一样，在磁盘和卷管理工具中被查看，同时可以被挂载或者格式化为某个文件系统。

虽然存在上述不同，但是 SAN 和 NAS 并非互斥的。可以将这两种技术进行组合，从而在一个系统中同时提供文件级协议和块级协议。

在基于 SAN 的共享存储架构中，后端存储使用 SAN，而 NAS 机头集群节点通过光纤连接到 SAN，同时使用 DNS 或 LVS 来实现负载平衡和高可用性。

这种架构可以提供稳定的高带宽和良好的 IOPS 性能，但也存在一些缺点，如成本高、管理复杂，同时扩展规模也有限。

（2）集群文件系统 NAS 架构

所谓集群文件系统，是一种被同时安装在多个服务器节点上的文件系统。集群文件系统能够提供位置的独立寻址，从而减少集群中其他部分的复杂性，同时增加数据的可靠性。

使用集群文件系统的 NAS 架构会同时运行多个 NAS 节点。无论文件的实际物理位置在哪里，用户都可以从任意一个集群 NAS 的节点中访问整个集群中所有的文件。对于客户端来说，节点的数量和位置是透明的，因而用户或者应用程序能够根据自己的需求进行访问。

通常，一个集群 NAS 系统会通过数据冗余来保证一定的容错性。如果一个或多个节点崩溃，系统可以依靠正常运行的节点继续完成工作，而且不会产生任何数据丢失。集群 NAS 的概念与文件虚拟化有相似之处，但是大多数情况下，集群 NAS 系统的节点来自同一个供应商，并且每个节点的配置是相似的。这是集群 NAS 系统和文件虚拟化之间的一个主要区别。

EMC Isilon 是一个全对称的集群文件系统。集群文件系统通常采用 NFS

（Network File System）/CIFS（Common Interface File System）协议。NFS 主要面向 UNIX 操作系统，CIFS 主要面向 Windows 系统。

（3）并行 NAS 架构

2010 年 1 月，NFSv4.1 发布。它为集群服务器部署提供支持，包括对多个服务器中的分布式文件进行可扩展的并行访问，即 pNFS 扩展。pNFS 允许客户端以并行的形式直接访问存储设备。在传统的 NAS 中存在性能瓶颈，而 pNFS 通过允许客户端直接从物理存储设备中以并行方式读写数据来解决这一问题。pNFS 架构也解决了其他关于性能和扩展的问题。

使用并行的 NAS 架构，客户端可以同时通过多个数据通路，并行地访问各个节点。它的元数据和数据分离，数据不经过 NFS 集群。一个数据通路之外的元数据服务器为客户端提供数据的位置，客户端能够直接在存储设备中读写数据。Panasas PanFS 就是一个采用并行 NAS 架构的例子。

3. CloudNAS 架构

CloudNAS 是一种远程存储，通过网络可以像访问本地存储一样去访问它。CloudNAS 一般由第三方提供服务，它们会根据容量和带宽的不同提供各种价位的存储服务。对于企业来说，可以要求第三方提供专有的存储服务，但同样根据服务的级别进行订阅收费。

CloudNAS 经常在备份场景中使用。它的好处是，云中的数据可以在任意时间从任意地点访问，而缺点是数据的传输速率受限于网络环境，最大只能达到接入网络的带宽。微软的 Azure 文件存储（图 5-8）就是一种 CloudNAS。

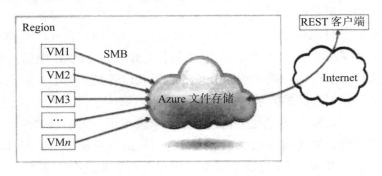

图 5-8　Azure 文件存储

（二）阿里云文件存储

阿里云文件存储是面向阿里云 ECS 实例、HPC 和 Docker 等计算节点的文件存储服务，提供标准的文件访问协议，用户无须对现有应用做任何修改，即可使用具备无限容量及性能扩展、单一命名空间、多共享、高可靠性和高可用性等特性的分布式文件系统。用户创建 NAS 文件系统实例和挂载点后，即可在 ECS、HPC 和 Docker 等计算节点内通过标准的 NFS 协议挂载文件系统，并使用标准的 POSIX 接口对文件系统进行访问。多个计算节点可以同时挂载同一个文件系统，共享文件和目录。

1. 阿里云文件存储的几个重要概念

（1）挂载点：挂载点是文件系统实例在专有网络或经典网络内的一个访问目标地址，每个挂载点都对应一个域名，用户 mount 时通过指定挂载点的域名来挂载对应的 NAS 文件系统到本地。

（2）权限组：权限组是 NAS 提供的白名单机制，通过向权限组内添加规则来允许 IP 地址或网段以不同的权限访问文件系统。每个挂载点都必须与一个权限组绑定。

（3）授权对象：授权对象是权限组规则的一个属性，代表一条权限组规则被应用的目标。在专有网络内，授权对象可以是一个单独的 IP 地址或一个网段；在经典网络内，授权对象只能是一个单独的 IP 地址（一般为 ECS 实例的内网 IP 地址）。

2. 阿里云文件存储的优点

（1）多共享：同一个文件系统可以同时挂载到多个计算节点上共享访问，节约大量拷贝和同步成本。

（2）高可靠性：提供极高的数据可靠性，相比自建 NAS 存储，可以大量节约维护成本，降低数据安全风险。

（3）弹性扩展：单个文件系统容量上限达 1 PB，按实际使用量付费，轻松应对业务的随时扩容和缩容。

（4）高性能：单个文件系统吞吐性能随存储量线性扩展，相比购买高端 NAS 存储设备，能大幅降低成本。

（5）易用性：支持 NFSv3 和 NFSv4 协议，无论是在 ECS 实例内，还是在 HPC 和 Docker 等计算节点中，都可通过标准的 POSIX 接口对文件系统进行访问操作。此外，它还支持 Windows 客户端的 SMB/CIFS 协议服务。

第四节　对象存储技术

一、对象存储概述

对象存储是一种基于对象的存储技术。与传统意义上提供面向块接口的磁盘存储系统不同，对象存储系统将数据封装到大小可变的容器中，这些数据称为对象，通过对对象进行操作使系统工作在一个更高的层级中。

传统的基于块的存储系统可以分为两个部分：用户接口和存储管理。用户接口负责向用户呈现逻辑数据结构，如文件、目录等，并提供访问这些数据结构的接口；存储管理负责将这些逻辑数据结构映射到物理存储设备。存储设备本身只负责基于块的数据传输，元数据的维护及数据在存储设备上的布局完全取决于存储系统。不同平台之间共享数据，需要知晓对方的元数据结构及数据在设备上的分布。这种依赖性使共享数据十分困难。

对象存储则将数据封装到大小可变的"对象"中，并将存储管理下放到存储设备本身，使存储系统可以对存储设备中的"对象"进行与平台无关的访问。存储系统依旧需要维护自己的索引信息（如目录的元数据），以实现对象 ID 与更高层次的数据结构（文件名等）的映射；对象 ID 与数据物理地址的映射以及元数据的维护完全由存储设备本身完成。这使不同平台之间的数据共享简化为对象 ID 的共享，大幅降低了数据共享的复杂性。两者的对比如图 5-9 所示。

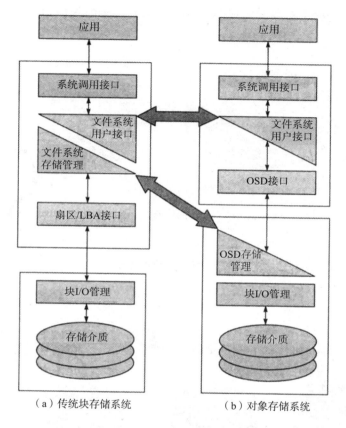

（a）传统块存储系统　　　　　　（b）对象存储系统

图 5-9　传统块存储系统与对象存储系统的对比

二、对象存储设备及其关键技术

（一）对象

对象是系统中数据存储的基本单位，每个对象是数据和数据属性集的综合体，数据属性可以根据应用的需求进行设置，包括数据分布、服务质量等。在传统的存储系统中用文件或块作为基本的存储单位，块设备要记录每个存储数据块在设备上的位置。对象维护自己的属性，从而简化了存储系统的管理任务，增加了灵活性。对象的大小可以不同，可以包含整个数据结构，如文件、数据库表项等。在存储设备中，所有对象都有一个对象标识，通过对象标识OSD命令访问该对象。通常有多种类型的对象，存储设备上的根对象标识存储设备和该设备的各种属性，组对象是存储设备上共享资源管理策略的对象集合等。图 5-10 给出了对象的组成，图 5-11 给出了传统的访问层次和虚拟数据访问模型。

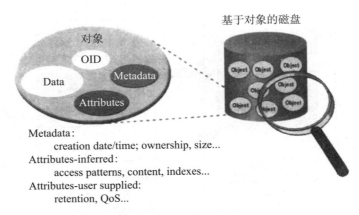

图 5-10　对象的组成

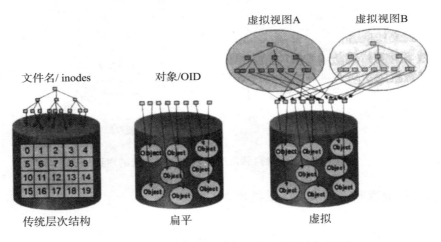

图 5-11　传统的访问层次和虚拟数据访问模型

（二）对象存储设备

每个对象存储设备（Object-based Storage Device，OSD）都是一个智能设备，具有自己的存储介质、处理器、内存以及网络系统等，负责管理本地的对象，是对象存储系统的核心。OSD 同块设备的不同不在于存储介质，而在于两者提供的访问接口。OSD 的主要功能包括数据存储和安全访问。目前国际上通常采用刀片式结构实现对象存储设备。OSD 提供三个主要功能：

1. 数据存储

OSD 管理对象数据，并将它们放置在标准的磁盘系统上。OSD 不提供块接口访问方式，Client 请求数据时用对象 ID、偏移进行数据读写。

2. 智能分布

OSD 用其自身的 CPU 和内存优化数据分布，并支持数据的预取。OSD 可以智能地支持对象的预取，从而可以优化磁盘的性能。

3. 管理每个对象元数据

OSD 管理存储在其他对象的元数据，该元数据与传统的 inode 元数据相似，通常包括对象的数据块和对象的长度。而在传统的 NAS 系统中，这些元数据是由文件服务器维护的，对象存储架构将系统中主要的元数据管理工作交给 OSD 来完成，减少了客户端的开销。

（三）元数据服务器（Metadata Server，MDS）

MDS 控制客户端与 OSD 对象的交互，为客户端提供元数据，主要是文件的逻辑视图，包括文件与目录的组织关系、每个文件所对应的 OSD 等。它主要提供以下几个功能：

1. 对象存储访问

MDS 构造、管理描述每个文件分布的视图，允许客户端直接访问对象。MDS 为客户端提供访问该文件所含对象的能力，OSD 在接收到每个请求时将先验证该能力，然后才可以访问。

2. 文件和目录访问管理

MDS 在存储系统上构建一个文件结构，包括限额控制、目录和文件的创建和删除、访问控制等。

3. 客户端 Cache 一致性

为了提高客户端性能，在对象存储系统设计时通常支持客户端方的 Cache。由于引入客户端方的 Cache，带来了 Cache 一致性问题，MDS 支持基于客户端的文件 Cache，当 Cache 的文件发生改变时，将通知客户端刷新 Cache，从而防止 Cache 不一致引发的问题。

（四）对象存储系统的客户端

为了有效支持客户端访问 OSD 上的对象，需要在计算节点实现对象存储系统的客户端。现有的应用对数据的访问大部分都是通过 POSIX 文件方式进行的，对象存储系统提供给用户的也是标准的 POSIX 文件访问接口。接口具有和通用文件系统相同的访问方式。同时，文件系统必须维护不同客户端上 Cache 的一致性，保证文件系统的数据一致。文件系统访问流程如下：

（1）客户端应用发出读取请求。

（2）文件系统向元数据服务器发送请求，获取要读取的数据所在的 OSD。

（3）直接向每个 OSD 发送数据读取请求。

（4）OSD 得到请求以后，判断要读取的对象，并根据此对象要求的认证方式，对客户端进行认证，如果此客户端得到授权，则将对象的数据返回给客户端。

（5）文件系统收到 OSD 返回的数据以后，读取操作完成。

（五）对象存储文件系统的关键技术

1. 分布元数据

传统的存储结构元数据服务器通常提供两个主要功能：

（1）为计算节点提供一个存储数据的逻辑视图（ Virtual File System，VFS 层）、文件名列表及目录结构。

（2）组织物理存储介质的数据分布（inode 层）。对象存储结构将存储数据的逻辑视图与物理视图分开，并将分布负载，避免元数据服务器引起的瓶颈（如 NAS 系统）。在对象存储结构，inode 工作分布到每个智能化的 OSD，每个 OSD 负责管理数据分布和检索，这样 90% 的元数据管理工作分布到智能的存储设备，从而提高了系统元数据管理的性能。

2. 并发数据访问

对象存储体系结构定义了一个新的、更加智能化的磁盘接口 OSD。OSD 是与网络连接的设备，它自身包含存储介质，如磁盘或磁带，并具有足够的智能的、可以管理本地存储的数据。计算节点直接与 OSD 通信，访问它存储的数据，由于 OSD 具有智能化特征，所以不需要文件服务器的介入。如果将文件系统的数据分布在多个 OSD 上，则聚合 I/O 速率和数据吞吐率将线性增长，对绝大多数 Linux 集群应用来说，持续的 I/O 聚合带宽和吞吐率对较多数目的计算节点是非常重要的。对象存储结构提供的性能是目前其他存储结构难以达到的，如 ActiveScale 对象存储文件系统的带宽可以达到 10 GB/s。

三、阿里云对象存储

阿里云对象存储是阿里云对外提供的海量、安全、低成本、高可靠性的云存储服务。用户可以通过调用 API，在任何应用、任何时间、任何地点上传和下载数据，也可以通过用户 Web 控制台对数据进行简单的管理。阿里云对象存储适合存放任意文件类型，可供各种网站、开发企业及开发者使用。

在阿里云对象存储服务中，每个对象都是一个非结构化的数据，每个桶都是一个非结构化数据存储的容器，而对象存储服务是为非结构化存储系统提供的公共服务。阿里云对象存储服务将用户从存储管理中释放出来，用户无须考虑自定义对象如何在底层存储，仅需考虑对象的使用即可。

阿里云对象存储提供了追加上传功能，用户可以使用该功能不断地在文件尾部追加写入数据。与传统的文件系统相比，阿里云对象存储是一个分布式的对象存储服务，提供的是一个 Key-Value 形式的对象存储服务。用户可以根据对象的名称（Key）地获取该对象的内容。虽然用户可以使用类似 test1/test.jpg 的名字，但这并不表示用户的对象是保存在 test1 目录下面的。对于阿里云对象存储来说，test1T/test.jpg 只是一个字符串，和 a.jpg 这样的字符串并没有本质的区别。因此，不同名称的对象之间的访问消耗的资源是类似的。

文件系统是一种典型的树状的索引结构。例如，对于一个名为 test1/test.jpg 的文件，访问时需要先访问 test1 这个目录，然后再在该目录下查找名为 test.jpg 的文件。因此，文件系统可以很轻易地支持文件夹的操作，如重命名目录、删除目录、移动目录等，因为这些操作仅是针对目录节点的操作。这种组织结构也决定了文件系统访问的目录层次越深，消耗的资源越多，操作拥有很多文件的目录会非常慢。

对于阿里云对象存储来说，可以通过一些操作来模拟类似的功能，但是代价非常高。比如，将 test1 目录重命名成 test2，那么阿里云对象存储的实际操作是将所有以 test1/ 开头的对象都重新复制成以 test2/ 开头的对象，这是一个非常消耗资源的操作，因此，在使用阿里云对象存储的时候要尽量避免类似的操作。

阿里云对象存储保存的对象是不支持修改的（追加对象需要调用特定的接口，生成的对象和正常上传的对象类型上有差别）。用户即使仅需要修改一个字节，也需要重新上传整个对象。而文件系统的文件支持修改，如修改指定偏移位置的内容、截断文件尾部等，这也使文件系统拥有广泛的适用性。另外，阿里云对象存储能支持海量的用户并发访问，而文件系统会受限于单个设备的性能。

因此，将阿里云对象存储映射为文件系统是非常低效的，也是不建议的做法。如果一定要挂载成文件系统，也建议尽量只做新文件、删除文件、读取文件这几种操作。使用阿里云对象存储应该充分发挥其优点，即海量数据处理能力，优先用来存储海量的非结构化数据，如图片、视频、文档等。

与自建服务器存储相比，阿里云对象存储在可靠性、安全、成本、数据处理能力等方面具有很大优势，如表 5-2 所示。

表 5-2　阿里云对象存储的优势

对比项	阿里云对象存储	自建服务器存储
可靠性	服务可用性不低于 99.9%；规模自动扩展，不影响对外服务；数据持久性不低于 99%，数据自动多重冗余备份	受限于硬件可靠性，易出问题，一旦出现磁盘坏道，容易出现不可逆转的数据丢失。数据恢复困难、耗时、耗力
安全	提供企业级多层次安全防护；多用户资源隔离机制；支持异地容灾机制；提供多种鉴权和授权机制及白名单、防盗链、主子账号功能	安全机制需要单独实现，开发和维护成本高
成本	高性价比，每月还送免费额度；多线 BGP 骨干网络，无带宽限制，上行流量免费；不需要运维人员与托管费用，零成本运维	一次性投入高，资源利用率很低；存储受硬盘容量限制，需人工扩容；单线或双线接入速度慢，有带宽限制，峰值时期需人工扩容；需专人运维，成本高
数据处理能力	提供图片处理、音视频转码、内容加速分发、鉴黄服务、归档服务等多种数据增值服务，并不断丰富中	需要额外采购，单独部署

对象存储服务有六大设计目标——海量数目、任意大小、高可用性、高可靠性、安全、公共服务，如图 5-12 所示。下面分别介绍这几个设计目标。

图 5-12　对象存储服务六大设计目标

（1）海量数目：对象存储服务必须能够容纳海量的对象，支持线性扩展，自动应对爆发式访问。阿里云对象存储具有 5K 单集群，可容纳任意数量的对象。

（2）任意大小：对象存储服务必须能够容纳任意大小的对象。阿里 OSS 支持的单个对象最大尺寸为 48 TB，其中 Normal 级别为 0～5 GB，Multipart 级别为 0～48.8 TB，Appendable 级别为 0～5 GB。同时，阿里云对象存储针对移动场景进行了调优，支持断点续传。

（3）高可用性：对象存储服务要保证用户对象的可用性，阿里云对象存储能提供高达 99% 的可用性。

（4）高可靠性：对象存储服务要足够可靠，具有持久性，能容灾，硬件故障对用户完全透明。阿里云对象存储在单区域内保存多个副本，数据持久性高达 10%。由于其在全球范围内部署，用户可以就近使用。区域之间可开启数据自动互相备份。

（5）安全：阿里云对象存储支持多种授权体系：Bucket ACL、Object ACL、RAM 实现跨账号授权，RAM 管理主子账号，STS 实现非安全容器访问控制。其在服务器端进行加密，通过 HTTPS 实现通道安全，并使用 VPC 在阿里云上搭建混合云。

（6）公共服务：OSS 本质上是提供公共服务，需支持多租户的使用与隔离，保证服务质量。

对象存储服务的整体架构如图 5-13 所示。

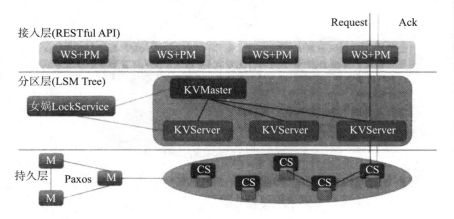

图 5-13 对象存储服务的整体架构

阿里云对象存储服务的整体架构包括如下部分。

（1）接入层：接入层采用 Web Server+Protocol Module 架构，主要接入用户请求，支持 Restful 协议解析。接入层对用户请求进行授权和认证，并请求路由。接入层提供 RESTful API，支持多租户，保证服务质量和安全性，支持任意大小的对象，并使用高速缓冲存储器缓存用户请求，服务效率高。

（2）分区层：分区层提供海量、分布式的 Key-Value 存储，能够扩展到成百上千台服务器，能快速查找、遍历及修改对象，并支持负载动态平衡。分区层通过 Key-Value 引擎管理分区，进行索引。Key-Value 引擎的架构如图 5-14 所示。

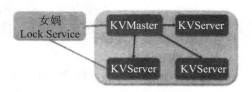

图 5-14 Key-Value 引擎的架构

分层区的读写过程如图 5-15 所示。

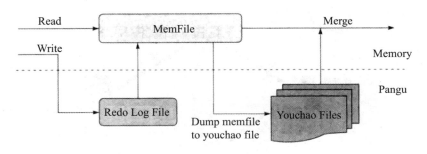

图 5-15　分层区的读写过程

（3）持久层：持久层的盘古分布式存储系统支持创建、打开、追加、关闭、删除、重命名等操作，偏重于存储大文件。该系统支持 Normal、Log 两种文件类型。

四、阿里云对象存储的典型应用

图 5-16 给出了一个阿里云对象存储的应用实例：图片分享应用。从图5-16 中可以看出，用户可以通过移动端调用对象存储移动端 SDK，通过云服务器 ECS 上传图片，ECS 再将图片转存到对象存储端中；或者用户可以将图片直接存储至对象存储端。客户应用服务器可以向对象存储端回调上传的图片，也可以通过内容分发网络 CDN 将图片传送到其他客户端。

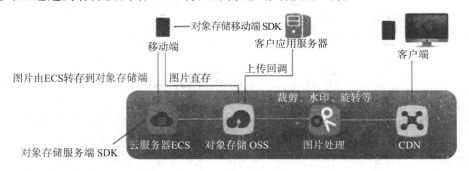

图 5-16　图片分享应用

图片的上传过程如图 5-17 所示，授权服务将密钥授权给用户应用服务器，用户应用服务器返回密钥给移动端。对象存储服务发送应用服务器返回结果给移动端。

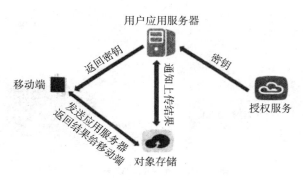

图 5-17　图片上传过程

图片的分享过程如图 5-18 所示，从对象存储端读取原始图片后，经过图片处理，将处理后的图片通过 CDN 发放给所有客户端。

图 5-18　图片分享过程

第五节　分布式索引技术

索引是为检索而存在的。例如，一些书籍的末尾附有索引，指明了某个关键字在正文中出现的页码位置，方便我们查找，但大多数书籍只有目录，目录不是索引，只是书中内容的排序，并不能提供真正的检索功能。可见，建立索引要单独占用空间。索引并不是必须要建立的，它只是为更好、更快地检索和定位关键字。

在海量数据的系统中，分布式系统是很好的解决方案，对海量数据进行查询和检索，建立索引是必要的。在分布式存储环境下，目前普遍使用的索引技术包括哈希表、B+ 树、LSM 树等。

一、哈希表

哈希表（Hash Table，也叫散列表）是根据关键码值直接进行访问的数据结构。也就是说，它通过把关键码值映射到表中一个位置来访问记录，以加快查找的速度。这个映射函数叫哈希函数，存放记录的数组叫哈希表。

给定表 M，存在函数 $f(k)$，对任意给定的关键字值 k，代入函数后若能得到包含该关键字的记录在表中的地址，则称表 M 为哈希表，函数 $f(k)$ 为哈希函数。

哈希表的基本概念如下：

若关键字为 k，则其值存放在 $f(k)$ 的存储位置上。由此，不需比较便可直接取得所查记录，称这个对应关系 f 为哈希函数，按这个思想建立的表为哈希表。

对不同的关键字可能得到同一哈希地址，即 $k1 \neq k2$，而 $f(k1)=f(k2)$，这种现象称为碰撞。具有相同函数值的关键字对该哈希函数来说称作同义词。综上所述，根据哈希函数 $f(k)$ 和处理碰撞的方法将一组关键字映射到一个有限的连续的地址集（区间）上，并以关键字在地址集中的"像"作为记录在表中的存储位置，这种表便称为哈希表，这一映射过程称为哈希造表，所得的存储位置称哈希地址。

若对于关键字集合中的任一个关键字，经哈希函数映象到地址集合中任何一个地址的概率是相等的，则称此类哈希函数为均匀哈希函数，这就使关键字经过哈希函数得到一个"随机的地址"，从而减少碰撞。

二、B+ 树

B+ 树是一种树数据结构，通常用于数据库和操作系统的文件系统中。B+ 树的特点是能够保持数据稳定有序，其插入与修改拥有较稳定的对数时间复杂度。

B+ 树元素自底向上插入，这与二叉树恰好相反。B+ 树是应文件系统所需而出的一种 B- 树的变形树，如图 5-19 所示。一棵 m 阶的 B+ 树和 m 阶的 B- 树的差异如下。

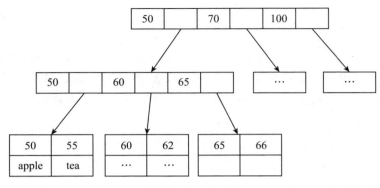

图 5-19　B+ 树

（1）有 n 棵子树的节点中含有 $n-1$ 个关键字，每个关键字不保存数据，只用来索引，所有数据都保存在叶子节点。

（2）所有的叶子节点中包含全部关键字的信息以及指向含有这些关键字记录的指针，且叶子节点本身依关键字的大小按自小而大的顺序链接。

（3）所有的非终端节点可以看成索引部分，节点中仅含其子树（根节点）中的最大（或最小）关键字。

（4）通常在 B+ 树上有两个头指针，一个指向根节点，一个指向关键字最小的叶子节点。

（一）B+ 树的查找

对 B+ 树可以进行两种查找运算：从最小关键字起顺序查找；从根节点开始，进行随机查找。在查找时，若终端节点上的值不等于给定值，B+ 树的查找将继续向下直到叶子节点。因此，在 B+ 树中，不管查找成功与否，每次查找都要经过一条从根到叶子节点的路径。其余同 B- 树的查找类似。

（二）B+ 树的插入

m 阶 B+ 树的插入操作在叶子节点上进行，假设要插入关键值 a，找到叶子节点后插入 a，做如下算法判别：

（1）如果当前节点是根节点并且插入后节点关键字数目小于等于 m，则算法结束。

（2）如果当前节点是非根节点并且插入后节点关键字数目小于等于 m，则判断若 a 是新索引值时，转步骤（4）后结束，若 a 不是新索引值，则直接结束。

（3）如果插入后关键字数目大于 m（阶数），则节点先分裂成两个节点 X

和 Y，并且它们各自所含的关键字个数分别为 $u=$ 大于（$m+1$）/2 的最小整数，$v=$ 小于（$m+1$）1/2 的最大整数。由于索引值位于节点的最左端或者最右端，不妨假设索引值位于节点最右端，有如下操作：

如果当前分裂成的 X 和 Y 节点原来所属的节点是根节点，则从 X 和 Y 中取出索引的关键字，将这两个关键字组成新的根节点，并且这个根节点指向 X 和 Y，算法结束。

如果当前分裂成的 X 和 Y 节点原来所属的节点是非根节点，依据假设条件判断，如果 a 成为 Y 的新索引值，则转步骤（4）得到 Y 的双亲节点 P，如果 a 不是 Y 节点的新索引值，则求出 X 和 Y 节点的双亲节点 P；然后提取 X 节点中的新索引值 a'，在 P 中插入关键字 a'，从 P 开始，继续进行插入算法。

如果当前分裂成的 X 和 Y 节点原来所属的节点是非根节点，依据假设条件判断，如果 a 成为 Y 的新索引值，则转步骤（4）得到 Y 的双亲节点 P，如果 a 不是 Y 节点的新索引值，则求出 X 和 Y 节点的双亲节点 P；然后提取 X 节点中的新索引值 a'，在 P 中插入关键字 a'，从 P 开始，继续进行插入算法。

（4）提取节点原来的索引值 b，自顶向下先判断根是否含有 b，是则需要先将 b 替换为 a，然后从根节点开始，记录节点地址 P，判断 P 的孩子是否含有索引值 b 但不含有索引值 a，是则先将孩子节点中的 b 替换为 a，然后将 P 的孩子的地址赋值给 P，继续搜索，直到发现 P 的孩子中已经含有 a 值时，停止搜索，返回地址 P。

（三）B+ 树的删除

B+ 树的删除也仅在叶子节点进行，当叶子节点中的最大关键字被删除时，其在非终端节点中的值可以作为一个"分界关键字"存在。若因删除而使节点中关键字的个数少于 $m/2$（$m/2$ 结果取上界，如 5/2 结果为 3）时，其和兄弟节点的合并过程亦和 B– 树类似。

三、LSM 树

由于 B+ 树在随机写方面和数据一致性方面的缺陷，在分布式系统中，LSM 树是一种更好的选择。LSM 树和其他搜索树一样保持着键 – 值对，LSM 树将数据维护在两个或两个以上的独立结构，每一个都为各自的底层存储介质进行了优化，两种结构之间的数据以批处理的方式进行有效的同步。

一个简单版本的 LSM 树是一个二级 LSM 树，如图 5–20 所示，两级 LSM

树包含两个树状结构，称为 C_0 和 C_1。C_0 较小，完全驻留在内存中，而 C_1 是在磁盘上的。新记录插入驻留内存的 C_0 组件。如果插入导致 C_0 组件超过一定规模阈值，会启动 rolling merge 的过程，C_0 会删除相邻段的条目，合并到 C_1 的磁盘上。

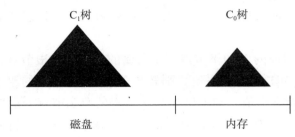

图 5-20　二级 LSM 树示例

LSM 树中数据迁移如图 5-21 所示。

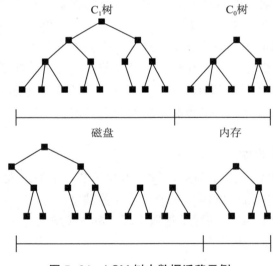

图 5-21　LSM 树中数据迁移示例

第六章 新时代背景下云计算创新应用

第一节 基于云计算的铁路信息共享平台及关键技术

一、基于云计算构建铁路信息共享平台总体框架

（一）信息共享需求分析

1. 铁路各业务系统信息共享需求

我国铁路正在使用和建设的业务信息系统有很多，业务系统间存在大量的信息交互，如列车调度指挥系统需要和计划、动车组/机车车辆、供电、维修、客运调度等业务信息系统交互信息，其产生的列车运行实绩、股道变更等信息是调度管理信息系统、客运服务系统等诸多系统所需的；旅客服务信息系统需要和客票系统、自动售检票系统、运营调度系统、综合监控系统等交互信息，才能及时、准确地为旅客提供高质量的广播、引导、检票等服务；行车安全综合监控系统需要获取机车车辆、货运、线路、桥隧、信号、电网、气象、自然灾害等检测信息，实现集中控制与预警，进行安全信息综合分析，提供应急救援和设备维修决策支持。铁路信息化建设的诸多信息系统是一个联动机制，只有互联互通、资源共享，才能充分发挥出综合效益，才能避免重复建设、多头采集数据及低质量程序开发的应用现象。

列车调度指挥系统、旅客服务信息系统与其他系统信息交互情况如图 6-1 和图 6-2 所示。

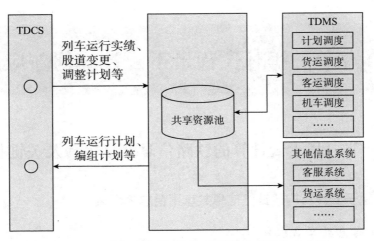

图6-1 列车调度指挥系统与其他信息系统信息交互

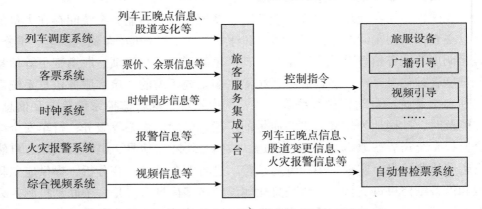

图6-2 旅客服务信息系统与其他信息系统信息交互

概括起来,共享信息主要可以分为三类:基础信息、业务信息和综合信息。其中,基础信息是指能够反映铁路运输基本情况的数据、图形、属性和编码等资源。业务信息指支撑铁路业务信息系统运行、与业务相关、参与铁路业务运营的数据、图形等。综合信息指在业务系统运行过程中,由于业务应用要求,通过相关业务模型进行信息综合分析计算,形成的管理、控制、综合决策信息等,如图6-3所示。

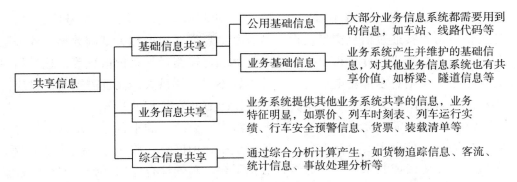

图 6-3　共享信息图

通过对铁路业务信息系统信息交互现状进行分析可知，系统间信息交互的特点主要体现在以下几个方面：

（1）系统间进行信息交互，需要一致的基础编码，如线路代码、车站代码等，只有基础编码一致，交互信息后才不至于因为编码存在二义性而出现错误。此外，核心基础信息的相关属性信息也需要统一，如车站的性质及归属等，统一维护和发布的基础信息字典可避免各自维护造成的不一致。

（2）各类基础信息量非常庞大，需根据情况分类管理，一部分基础信息是全路大多系统都要使用的，如线路、车站等，这一类属于核心基础数据，必须统一维护及发布。还有许多基础信息主要是本系统使用、部分其他系统需共享的，如桥梁、隧道等，这一类属于业务基础数据，其存储、维护及发布的管理需根据情况研究确定。

（3）从信息交换的对象及方式来看，存在着一对一、一对多等情况。部分信息在为数不多的系统间交互，如建设合同及进度管理等，可采用系统间数据交换传输实现。但很多业务系统提供的信息同时被多个业务信息系统需要，如基础信息、列车运行信息等，这些信息需要通过建立信息共享机制为各相关系统服务。

（4）从信息交换的时机来看，可分为实时和批量处理等不同形式。部分信息在运营过程中产生并动态变化，需要实时传递给相关业务系统，如列车运行实绩、正晚点信息、行车安全监控和防灾安全监控信息。部分信息属于相对静态信息，如基础数据、各类计划、统计数据等，可根据需要定时与其他系统进行交互。

（5）从信息交换的内容来看，可分为一般信息的直接获取和复杂信息的获取。部分共享信息的获取不需要进行加工，如基础信息、采集的车号信息等，这类信息可直接通过信息交换获得。但有些信息需要根据相关基础数据、业务数据、业务模型进行计算得出，如牵引计算、运输路径、票价信息等，这类信息如果把相关信息全部获取后再自行计算，不但数据量大，而且需重复研发应用程序，若能由相关业务系统提供结果服务，则可节省上述工作。

（6）从信息的存储地点来看，目前还没有一个统一的平台能提供共享信息和应用服务，信息主要存储在各个业务系统中，但已有一些业务系统建立了业务级的信息集成或共享平台，如结合数据平台、车辆综合应用平台、安全监督管理信息平台等，也就是说已有大量信息存储在这些业务集成处理系统中。

（7）从获取信息的涉及范围及应用深度来看，有些信息需要集成多个业务系统的数据，通过信息融合及综合应用产生新的应用，如综合信息展现、决策分析、行车安全综合预警等。

（8）从信息交换的实现手段来看，可分为信息共享和服务共享模式。通过对共享信息特点的梳理实现共享可以采用两种模式，一种是直接信息共享模式，另一种是服务共享模式。直接信息共享模式一般可由业务系统直接提供共享，不需要相关计算或业务流程、业务模型的支撑即可实现，通常可采用数据同步或数据传输技术来实现。服务共享模式一般需要业务系统进行信息集成、业务模型计算或其他方式的处理，通常由业务系统将需求的计算结果封装，采用 Web 服务技术来实现。

2. 对铁路信息共享平台的需求

铁路信息共享平台的建设目的是满足信息和服务共享需求，为实现这一目标，共享平台本身的需求主要包括以下几方面：

（1）共享标准规范需求

为满足铁路信息共享和交换需求，需要制定相关的规范标准，包括共享信息存储维护，共享服务包装、注册，共享资源调度，统一公用基础编码等，才能保障信息共享、交换的顺利进行。

（2）元数据管理需求

元数据是对共享信息的描述，有了统一或规范的元数据，可以解决信息难以管理、含义不统一的问题，有利于开展信息共享和信息综合利用活动。

（3）目录管理需求

在铁路信息共享平台的共享资源池中有许多节点，共享信息、共享服务分布存储在节点中，需要建立共享信息和服务资源目录，用以管理、维护共享信息。

（4）数据格式转换需求

铁路各业务信息系统建成时间不一致，采用的数据格式及数据存储技术不统一，在进行信息共享交换时，需要将异构的数据转换成统一的数据格式。

（5）资源调度需求

基于云计算技术构建铁路信息共享平台，资源处于分布状态，增加了资源调度的复杂性。需要合理调度资源，形成共享平台的支撑。同时，合理安排调度服务，可以形成组件复用的模式，提高资源使用率，减少重复开发，满足更高层次的共享需求。

（6）共享信息存储管理需求

随着信息共享交换的发展，将有越来越多的信息纳入共享平台，共享信息合理的存储管理对共享信息的快速获取及综合应用具有重要意义。

（7）监控需求

铁路信息共享平台包括硬件资源、软件资源、平台资源、应用资源、数据资源及服务资源等，需要通过综合监控，掌握共享平台的运行状态、共享资源的使用情况，及时发现问题、处理问题，保证共享平台正常运行。

（8）安全需求

铁路信息共享平台存在大量的共享信息，包括各个层面的用户访问，需要采用相关的安全措施，设置用户权限，保证共享信息的安全和正常访问。

将上述需求整理，对铁路信息共享平台的需求主要涵盖四个方面：支撑需求、功能需求、监控需求和安全需求。

（二）铁路信息共享平台功能

为满足上述需求，铁路信息共享平台的主要功能包括资源调度、数据格式转换、共享信息存储管理、共享信息检索、业务服务存储管理、元数据管理、业务服务检索匹配、目录管理、权限管理、系统监控和安全管理等。

1. 资源调度

云计算信息共享平台中，资源具有动态可调配性，通过对资源的管理和动态调配，形成资源池，满足共享信息存储的需求，提供共享信息检索计算能力，提高整体资源利用率。

2. 数据格式转换

将各业务系统提供共享的异构信息进行格式转换，形成统一的格式，在信息共享平台存储管理。

3. 共享信息存储管理

按照共享信息存储管理策略，实现共享信息的存储管理及核心数据的备份维护。

4. 共享信息检索

提供共享信息检索接口，实现用户在云平台终端检索共享信息，并根据权限设置，获取相应的共享信息。

5. 业务服务存储管理

业务系统按照铁路信息共享平台提供的服务封装规范进行服务包装，共享平台提供服务注册、服务路由和服务发布功能，并管理已经在共享平台发布的服务。

6. 元数据管理

采用统一的元数据，为信息资源共享和用户管理提供基础，包括共享信息元数据、用户元数据管理等。通过元数据支持，实现共享信息数据清洗、格式转换等功能。

7. 业务服务检索匹配

铁路信息共享平台提供业务服务检索功能，根据用户提供的关键词进行检索并将符合检索条件的服务列表提供给用户，供用户选择使用。

8. 目录管理

铁路信息共享平台提供共享目录管理，对存储在各节点的资源进行记录，在中心节点对各节点目录信息汇总管理，便于共享信息的管理和查询。

9. 权限管理

信息共享平台通过权限分配、数字认证等一系列措施进行访问验证，为信息安全和用户安全使用共享信息提供保障。

10. 系统监控

信息共享平台将对基础设施层、平台层和应用层展开综合监控，保证共享平台的正常运转以及共享服务和共享数据的有效性和可用性。

11. 安全管理

从整体上保障信息共享平台安全，通过采用相关的安全技术，从物理层、数据层和应用层保障信息共享平台的安全。

（三）基于云计算理念的铁路信息共享平台逻辑结构

基于云计算架构的铁路信息共享平台是在基于架构的共享平台研究基础上的发展，将框架中服务的理念从业务应用扩展到基础设施层、平台层，构建信息息共享平台的底层资源也是面向服务的。其扩展模式如图 6-4 所示。

图 6-4　基于云计算理念的铁路信息共享平台概念结构

基于云计算理念的信息共享平台在建设时，依托中心节点、区域节点及业务集中节点，整合分布的物理资源，形成统一的可调配的逻辑资源。

基于云计算理念的信息共享平台包括六部分，最底层是基础设施，在此基础上是整合的虚拟资源层，之上是信息共享云平台层，最顶层是面向用户的应用层，还有贯穿始终的安全层和管理层。

（1）基础设施层由两部分组成，一部分是支持铁路信息共享平台运行必备的基础设施，另一部分是目前铁路行业内可整合的基础设施，包括可纳入信息共享平台的各铁路局、铁路公司数据中心设备设施和业务集中点设备设施以及连接各基础设施的光纤或网络等。

（2）虚拟资源层采用云计算技术，整合分布的物理资源，形成统一的资源池，资源池中的同类资源形成集群统一管理，抽象为可调配的资源，这时资源可作为服务对外提供。

（3）信息共享云平台层涵盖了管理底层资源、支撑上层应用的各种软件及模块，主要包括铁路信息共享平台软件，负载均衡、智能路由等管理底层资源软件，中间件、计算模型、业务流程软件等，还有相关的系统环境软件。

智能路由、负载均衡、分发模型共同完成对底层资源的调度；存储管理对保存在铁路信息共享平台的信息进行管理，包括数据存储模型、数据备份等；数据清理对存储在信息共享平台的数据进行整理、重复数据处理、数据格式转换等，以保证铁路信息共享平台存储的数据完整一致；计算模型、数据挖掘可以对海量信息进一步挖掘分析，提供有价值的综合信息或进行趋势分析等；业务流程包含铁路业务信息的处理流程、业务功能模块流程等，支持铁路业务服务重组以及铁路业务二次开发；搜索引擎根据应用需求，对保存在信息共享平台的信息和服务进行搜索，并将符合需求的检索结果整理后返回上层应用。

（4）应用层面向最终用户，对信息共享平台的功能进一步封装后以方便可操作方式提供给上层应用，包括与下层通信的通信接口模块，调度配置底层资源的资源配置接口组件，服务发布、服务检索获取的服务接口软件，共享信息服务的共享接口软件以及能够满足其他需求的应用接口软件，如利用平台二次开发、利用平台进行大规模数据计算等。在这些功能模块的支撑下，向用户提供铁路基础信息服务、铁路业务信息服务以及综合性业务功能服务。

（5）安全层负责整个信息共享平台的安全，从下至上包括基础设施安全、网络安全、平台安全、系统安全、应用安全、数据安全和用户安全等，形成分层防护的纵深防御体系。

（6）管理层对整个信息共享平台的运行配置管理，包括资源管理、网络监控、集群管理、部署管理、内容管理、配置管理以及用户管理，监控整个信息共享平台各层面的运行状况，优化配置资源，提高资源利用效率。

（四）基于云计算理念的铁路信息共享平台物理结构

在实际物理部署中，在铁路局和业务系统集成层面都设节点，通过节点资源集群形成逻辑统一的物理资源池。数据存储、计算及业务服务都在该资源池基础上进行部署。对外则以统一服务的模式提供服务。

各节点在物理上是对等关系，在管理时各节点建立共享服务目录，中心节点建立共享服务总目录，管理共享服务。整个共享资源池在共享信息存储时，逻辑上划分为基础数据库及业务主题数据库。中心节点存储、管理基础数据和共享交换频率高的核心数据。业务集中节点和区域节点存放主题数据和业务服务。业务集中节点和区域节点的硬件存储资源可由共享平台提供，也可以由业务集中节点或区域节点闲置的资源承担。

基于云计算的铁路信息共享平台从下至上贯穿了服务的理念，应用能够以服务的方式提供，平台层中的软件、模块及基础设施层中的资源都能够以服务的方式提供。在这种理念下构建的铁路信息共享平台的基础设施资源是动态可配置的，可以为铁路信息共享平台提供灵活的可扩展的基础资源支持。由于其底层资源具有灵活可配置性，所以在铁路信息共享平台建设中，共享资源库可以采用物理集中部署的方式，也可以采用非集中部署的方式，并且可以根据建设情况在前期建设阶段采用物理集中方式，而后逐步扩展，形成物理分布逻辑集中的存储方式。基于云计算理念建设铁路信息共享平台可以有两种方案。

方案一：采用物理集中的方式建立铁路信息共享平台。铁路信息共享平台的建设只基于集中的基础设施，其优点是便于管理，前期建设简单，缺点是随着信息共享交互压力的增大，大量数据重复存储。而且由于所有的共享交换都在铁路信息共享平台内进行，所以对集中的基础设施性能要求较高。另外，用户都在集中点接入铁路信息共享平台，容易造成接口瓶颈，需要在软硬件方面对铁路信息共享平台的接入层有所加强。

方案二：采用物理分布的方式建立铁路信息共享平台。铁路信息共享平台的建设分布于物理上的各节点，共享交换频率高的信息资源部署在中心节点，其他共享资源分布于区域节点或业务集中节点。其优点是整合各节点的资源优势，充分利用资源。在云计算共享平台中，各节点都可以对外提供服务，通过资源调度减少了集中访问对单一节点造成的压力。缺点是管理节点多，比单一节点资源管理、资源调度复杂。建设需要逐节点进行，从单一节点到多节点逐步扩展，比集中节点的建设涉及面广。

铁路信息共享平台在建设初期可以采用第一种方案，基础信息和核心的共享信息及共享服务集中存储在中心节点，并建立若干个业务主题库，存放业务共享信息及服务。根据建设发展情况，逐步增加区域节点和业务集中节点，作为业务主题库的逻辑扩展，最终形成云计算铁路信息共享平台整体架构。

二、基于云计算的铁路共享信息存储

近年来，系统互联互通、信息共享已成为大家的共识。如何进行基础设施的整合，实现硬件资源的共享？如何统筹规划，科学合理地进行铁路共享信息的存储，建立什么样的共享机制来实现信息的共享？这些都是铁路信息化建设发展以及信息共享平台搭建必须解决的重要问题。

下面遵循铁路共享平台框架，针对上述铁路信息化建设的现实情况，采用云存储理念和技术，研究计算机存储等基础设施的部署方案和铁路共享数据的存储方案及共享机制，包括提出基于云计算的铁路数据中心建设思路、共享平台数据存储架构、共享平台存储信息分析、公用基础信息的存储管理及共享信息存储的实现技术等，构建共享平台的硬件和数据支撑。

铁路信息共享平台对共享信息和共享服务进行存储管理，这里主要研究共享信息的存储管理。

（一）云存储系统通用模型

随着云计算的发展，对底层存储的研究逐步深化，出现了云存储的概念。云存储通过网格技术、集群技术、虚拟化技术和分布式文件系统技术等，使网络中大量不同类型的存储设备互相连接集成，形成可动态调配的存储资源，屏蔽底层存储差异，是以统一提供数据存储和数据访问功能为核心的云计算系统。

过去采用独立的存储设备，需要知道存储设备的型号、容量、接口类型和传输协议等。当采用云存储系统时，形成虚拟的存储资源池，由云存储管理系统协调配置存储资源，不需要了解具体的存储设备信息，不需要考虑数据备份和数据冗余存储等问题。

目前，云存储系统通用模型主要包括四部分，如图 6-5 所示。

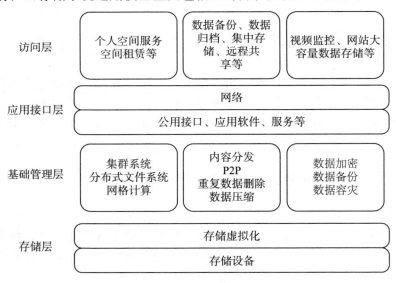

图 6-5　云存储通用模型

1. 存储层

存储层处于云存储的底层，包括不同的网络设备、存储设备及设备管理系统。存储设备是基础，涵盖多种类型，如基于光纤通道存储区域网络设备、直接附加存储设备、基于网络附加存储设备等。由于存储设备的数量较多且地理位置分散，需要采用网络技术彼此进行连接，从而形成统一的存储层。

2. 基础管理层

基础管理层在存储层之上，通过基础管理层中的软件，对底层存储设备进行管理，包括虚拟化管理以及多链路冗余管理等，协调存储设备，使存储设备以一致的方式对外提供服务。可以在这一层增加内容分发软件、数据加密软件等，保证用户按授权安全访问；在这一层增加数据备份软件，保证数据的安全。

3. 应用接口层

应用接口层面向用户，可以灵活设置，对有不同应用要求的云存储，根据实际应用需求，嵌入不同的服务软件，提供不同的应用服务接口，就可完成不同的应用服务。目前比较常见的应用有嵌入视频监控软件、嵌入远程数据备份软件等。

4. 访问层

在应用接口层上提供功能软件的接口，增加访问层，以服务的方式提供数据存储、存储空间租赁等云存储应用，同时可以在访问层增加权限认证等安全控制软件，提高存储应用的安全性。

云存储通过对功能服务的封装可以提供多种不同的应用，如在应用接口层嵌入服务，提供网络磁盘功能使用者调用服务，将需要存储的数据传送到云存储保存或者备份。也可以部署应用软件，如部署视频监控平台管理软件，实时视频软件通过接口层与云存储系统连接，把视频信息实时传送并保存到云存储中，由视频管理软件负责图像的管理和调用。

铁路信息共享平台中有大量的共享数据存储需求，通过在存储设备、网络和主机等不同层面采用云计算技术，形成云存储资源池以满足信息共享交互。

（二）基于云计算的企业数据中心

1. 现状分析

由于铁路各业务信息系统建设的时间不同，在系统实施时，分别在铁路站点建立机房，并根据当时的技术条件配备了服务器、存储设备等硬件资源。

铁路硬件资源存在以下问题：

（1）服务器种类、品牌多，性能差异大，统一维护管理困难。

（2）设备采购通常随业务信息系统建设配置，形成专机专用的现象，不同业务信息系统之间极少共享设备资源，造成部分资源浪费。

（3）由于设备专机专用，造成新建业务信息系统时，需要重新购置设备，增加了系统建设成本和维护成本。

（4）随着信息化技术的发展，业务信息系统在逐步升级，然而硬件设备从系统建设之初就投入运营，之后极少能随着信息化技术的发展而更新，造成设备老化与业务系统不断发展之间的矛盾难以得到有效解决。

（5）很多铁路业务信息系统建设时期较早，还没有考虑系统备份与恢复问题，通常在发现问题之后，采取应急补救措施，难以在现有硬件资源配置基础上形成有效的备份恢复机制，给业务系统运行带来不安全隐患。

随着云计算技术的发展，为解决目前存在的资源重复建设、应用不均衡及难以统一协调管理的难题，云计算技术提供了理论基础和集成硬件支撑。采用云计算技术建设铁路数据中心，为铁路信息化进一步发展奠定基础。

2. 铁路资源整合思路

近年来，国家铁路局已经开始了服务器及存储整合的试点，广州、郑州等铁路局规范机房建设，统筹设备配置，统一规划调度，有利于提高存储设备和服务器的使用效率，满足数据冗余存储和备份的需求，优化环境质量，节约能源，同时便于维护。铁路资源整合的思路如下：

（1）按照国家电子信息系统机房建设标准要求制定铁路数据中心建设指导意见，使铁路信息系统机房标准化建设达到节能环保指标。

（2）实现数据中心内部硬件资源的集中管理、统一调配整合和运行环境的共享共用。

（3）建立统一的数据备份机制，保证数据安全。

（4）制定合理的安全机制和安全策略，保证机房运行环境安全、关键设备冗余设置和故障恢复能力。

目前，云计算技术、智能化技术不断完善，用于存储、管理海量数据已取得了较好的效果，并成为数据中心建设的发展趋势。基于云计算建设铁路数据中心为资源的高效利用提供了良好的模式，将成为铁路数据中心的发展趋势。

3. 铁路云数据中心结构

在数据中心的建设中，采用云计算理念和云存储技术，集成整合数据中心的基础资源，资源统一管理、调配，提供各业务运行的基础环境。各业务系统不需要再单独购置设备，数据中心根据业务系统的需求配置资源，同时提供基本的操作系统及通用的软件配置，并统筹考虑安全备份。

在数据中心建设中还需要关注配套设施的建设，包括环境建设、数据中心布局、供配电系统、空调系统、网络系统、环境监控系统、视频摄像系统、消防系统、运营维护系统等。数据中心发挥作用的核心是数据中心的运营维护系统，管理监视设备运行状态，负责在虚拟的资源池上进行资源管理和调配，统筹数据存储和备份等。

从云计算技术和相关信息化技术发展整体来看，可以通过网络互通，整合铁路基础设施资源，形成跨数据中心节点的数据存储、备份和管理机制，实现网络存储设备的统一管理、统一调配、协同工作。铁路云数据中心通过网络互通形成统一的存储资源，支持铁路业务应用。云数据中心结构如图 6-6 所示。

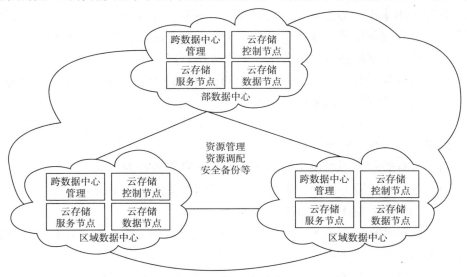

图 6-6　云数据中心结构

在云数据中心，集中管理存储设备，实现资源调度，由云数据中心管理调度软件对整体资源进行监控调度。

铁路信息共享平台各节点的设备资源由铁路云数据中心统一调配管理。为满足铁路信息共享平台数据处理共享交换的要求，数据中心配置信息共享平台

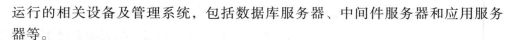

运行的相关设备及管理系统，包括数据库服务器、中间件服务器和应用服务器等。

（1）数据库服务器：管理维护信息共享平台的共享信息，包括公用基础信息共享库、核心共享信息共享库以及主题数据共享库等。

（2）中间件服务器：部署相关的中间件，包括业务流程中间件、消息中间件等，支持业务拓展应用。

（3）应用服务器：管理 Web 服务和业务应用，管理共享的 Web 服务、共享平台软件及其他功能辅助软件，实现行业内信息共享。

三、基于云计算的铁路信息共享服务

（一）铁路信息共享平台云服务思路

铁路共享平台云服务的目的是为用户提供灵活方便的服务平台，实现各客户端能够方便发布服务、灵活查询获取服务。铁路共享平台云服务的最终目标如下：设置服务管理中心，形成全局服务目录体系；制定共享服务部署策略，服务管理采用集中、分布相结合的策略；在提供共享服务基础上，进一步扩展实现计算、存储等服务。铁路信息共享平台云服务主要包括以下几个方面：

（1）建设铁路信息共享平台统一的服务接口层。

（2）在共享平台中心节点建设统一的服务管理中心，维护管理全局服务目录体系，统一管理共享服务的注册发布。

（3）服务发布采用集中和分布相结合策略，业务服务分布在各节点服务器上，由服务中心统一管理。

（4）服务管理中心提供全局服务检索和共享服务查询获取。

（5）逐步拓展服务范围，提供计算、存储等使用或租赁服务。

（二）铁路信息共享平台云服务架构

铁路信息共享平台云服务在整体上分为三层：服务接口层、逻辑管理层和服务部署层。

服务接口层是铁路信息共享平台对外提供的统一接口，用户通过服务接口进行共享服务的注册发布、共享服务的查询并最终获取共享服务。在共享服务逻辑管理层对共享服务进行管理，包括共享目录管理、共享服务管理、共享服务检索计算、计算资源配置、服务路由匹配、发布资源配置等。经过服务逻辑层处理后，业务功能服务被部署到共享平台服务器中保存，供用户检索使用。

铁路信息共享平台 Web 服务器在部署时，在物理上是分散的，逻辑上是集中的，在中心节点上建立服务管理中心，对注册发布的 Web 服务信息进行管理，对 Web 服务进行监控。

（三）铁路信息共享平台服务关键技术

铁路信息共享平台服务管理层面涉及两项关键技术：一个是聚类技术，用于共享平台服务分类管理；另一个是搜索引擎技术，用于共享平台服务查询检索。

1. 聚类技术

聚类技术是采用数学方法，在分析事物属性或某些指标的基础上，计算出事物之间的关系，并根据这种关系将事物分类。聚类方法主要分为以下几种。

（1）规则聚类方法：规则聚类方法是在给定的事物对象或数据中，采用某种规则进行划分，将对象分为若干个簇，每个簇即为一类。比较常用的划分规则采用的度量标准是距离，在一定距离内的对象分为一簇。

（2）模型聚类方法：根据聚类需求，事先制定一个聚类模型，聚类事物与聚类模型的相似度决定事物是否属于一类。这种聚类方法比随机给定聚类中心更具有实际意义。

（3）层次聚类方法：对事物对象进行分析，就像树状结构一样逐层分解，可以对合并集合分解，也可以由个体进行合并，分裂型聚类就是采用集合进行逐步分解，凝聚型聚类就是采用个体逐步合并。这种方法在生物领域的聚类研究中应用较多。

（4）密度聚类法：通过计算事物对象在某个区域的密度，确定其是否属于一类。这种方法可以划分较特殊的对象单独为一类，使分类更尊重客观事实。

（5）网格聚类方法：将事物对象用网格划分成不同的区域，每一区域的对象聚集为一类，聚类的精度取决于网格的划分。

2. 搜索引擎技术

当信息积累到一定规模时，有两个问题需要解决，一是信息的管理，二是信息的查询。当能够管理并查询信息时，信息才能充分发挥其价值。云计算系统的出现为海量信息管理提供了充足的空间，也为各类计算服务提供了强大的计算支持，为了在海量信息中准确找到需要的信息，产生了搜索引擎技术。搜索引擎是按照一定的方式在海量信息中搜集、发现信息，对信息进行分析、提炼、综合和筛选，并将处理结果提交给用户，从而完成信息检索和信息导航。

根据信息搜集方法的差异，将其分为三大类：

（1）目录搜索法：搜索以已经存在的目录为基础，由人工根据预先制定的分类规则进行摘要信息的抽取，形成目录。这种方法需要人工干预，对于维护人员来说，维护信息量大，信息更新速度慢，优点是信息分类较准确，检索质量高。

（2）程序搜索法：这种方法需要开发搜索程序，由搜索程序自动执行搜索策略，搜索程序为搜集到的信息自动建立索引并保存，这种搜索程序也被称为爬虫搜索或蜘蛛搜索等。这种搜索方式的优势是搜集信息面广，搜集信息量大，搜集信息更新速度快。其缺点是搜集信息量太大，需要人工从结果中筛选有用的信息。

（3）综合搜索法：这种搜索方法在本地没有搜索程序，通过和多个搜索引擎连接，将搜索需求发送到多个搜索引擎，同时将多个搜索引擎返回的结果进行简单的处理，包括重复结果删除、结果重新排序等。这种方法比采用单一的搜索引擎检索信息更为全面，但可能会包含较多的无用信息，同时其搜索速度和准确度都不由自己控制。

搜索引擎的出现为在海量数据中检索提供了自动化方法，提高了检索效率和准确度。搜索引擎主要包括四部分，分别是搜索器、索引器、检索器和用户接口。

第二节　面向云计算的数据安全保护关键技术

由于应用程序日趋大型化和复杂化，开发者的安全经验良莠不齐，SaaS 服务商为用户提供的云应用不可避免地存在安全漏洞。在云计算多租户环境下，一个公共服务进程会处理不同用户的数据，一旦应用程序存在漏洞，那么恶意用户便可以窃取其他用户的权限，破坏其他用户的数据安全。为防止由于 SaaS 应用安全漏洞而导致用户数据被其他用户非法操作或泄露出云系统，本节基于分散信息流控制的思想，对数据进行细粒度的标记和追踪并基于信息流策略控制数据流向。首先基于命题逻辑对分散信息流控制 DIFC 进行形式化建模，建立 DIFC 模型并证明模型安全性，然后针对 SaaS 安全威胁，提出基于 DIFC 模型的动态数据安全保护系统 CA_DataGuarder。该系统在编程语言级实现对数据对象的细粒度标记和追踪，基于统一的安全模型在 OS 层实现对上层 SaaS 应用的支撑，实现服务进程内部对不同租户数据的隔离和保护。

一、分散信息流控制模型 DIFC 构建

标记是实施分散信息流控制的基础，标记的范畴包括机密性和完整性两类。

机密性标签 s 是由客体对象或主体的产生者定义的，表示具有该标签的对象所含机密信息的级别。数据对象、OS 抽象等客体对象具有机密性标签 s，表明，它含有某些机密性为 s 的数据。主体对象具有机密性标签 s，表明它被标签 s 感染，它可以读机密性为 s 的数据。而主体具有标签 s 后，所有与具有机密性标签 s 的主体有信息流动的数据或主体都要被标签 s 污染，标签的传递形成一个闭包。被标注的对象可能有多个产生者，因此，对象的机密性标记表示为一组机密性标签的集合：

$$S = \{s_i |\ i = 1, 2, \cdots, n\} \tag{6-1}$$

完整性标签 i 是由客体对象或主体的产生者定义的，表示具有该标签的对象所含完整信息的级别。数据对象具有完整性标签 i 表示它含有完整性为 i 的数据，数据由一个可信实体签注完整性标记。举例来说，如果微软签注了某数据文件的完整性标签，且文件的完整性一直保持，那么如果一个用户相信微软，则他可以选择相信该文件的内容没有被篡改。主体具有完整性标记 i，在一定程度上表明它不是被恶意篡改过的主体。完整性标记表示为一组完整性标签的集合：

$$I = \{i_j |\ j = 1, 2, \cdots, n\} \tag{6-2}$$

对于不可控的数据通道，如可移动存储、远程主机、打印机等，用户是不信任的，这些不可控的数据通道具有安全级别最低的空标记，表示为：

$$S_{UC} = \{\varnothing\}, I_{UC} = \{\varnothing\} \tag{6-3}$$

在 CA_DataGuarder 的标记体系中，主体 p 还具有能力集 $\bar{C}_p = \{S, I\} \times \{+, -\}$，对安全标签 t，主体的能力表示为 $t+$ 和 $t-$。如果主体具有 $t+$ 能力，则能对其本身添加标签 t；如果主体具有 $t-$ 能力，则能对其本身去除标签 t。如果一个主体同时具有 $t+$ 和 $t-$ 能力，该主体可以完全控制标签 t 如何出现在主体的标记中。每个主体对其创建的标签 t 具有双重权限：

$$D_p = \{t |\ t+ \in \bar{C}_p \wedge t- \in \bar{C}_p\} \tag{6-4}$$

每个主体除了具有对其创建标签的双重权限集 D_p 之外，还具有全局能力集 C_G 中的能力。全局能力集实现了分散授权，将对标签的增加或删除能力分配给非标签生成者的主体。当一个主体创建安全标签 t 时，可以根据系统级的安全策略选择将 $t+$，$t-$ 加入全局能力集 C_G 中。一个主体 p 的有效能力集为：

$$C_p = \bar{C}_p \cup C_G \qquad (6-5)$$

基于上述标记和能力集的信息流规则如下。

规则 1（标记变换规则）：线程 p 将其本身的标记由 L 变换为 L' 是安全的，当且仅当：

$$\{L'-L\}^+ \cup \{L-L'\}^- \subseteq C_p \qquad (6-6)$$

规则 2（信息流规则）：由实体 x 至 y 的信息流是安全的，当且仅当：

$$S_x \subseteq S_y \, \text{且} \, I_y \subseteq I_x \qquad (6-7)$$

设 $D_p = \{t \mid t+ \in C_p \wedge t- \in C_p\}$，$p$ 对 D_p 中的标签 t 具有双重能力集。如果 $D_p = \varnothing$，则机密性规则满足 BLP 模型"不上读，不下写"的安全原则，完整性规则满足 Biba 模型"不下读，不上写"的安全原则。如果 $D_p \neq \varnothing$，则有两种操作会违反传统的安全原则：一种是解密操作，有 $s-$ 能力的主体可执行，去除数据的标签 s，使其流向未标记的实体；另一种是签注操作，有 $i+$ 能力的主体可执行，以提高信息的完整性。这两种操作使安全系统更为合理，否则标记数据永远无法流出系统，但这两种操作只能由显式授权的小部分可信主体才能执行，以保证信息不被非法泄露或篡改。

二、基于 DIFC 模型的数据安全保护系统 CA_DataGuarder 的设计思想

在设计 CA-DataGuarder 之前，首先明确系统中的 TCB。假设用户虚拟机开启在进行可信增强的 IaaS 平台上，用户 VM 上的操作系统软件和应用软件均存在安全漏洞，云服务商为了使用户放心使用 SaaS 服务，为用户在虚拟机中计算的数据提供安全保护机制，即基于 DIFC 的 CA_DataGuarder 系统。

DIFC 模型设计 SaaS 动态数据安全保护系统 CA_DataGuarder，追踪用户的敏感数据，并根据安全策略严格控制数据的流动。系统主要进行了两个方面的工作。一方面，系统能实现程序数据对象级别的细粒度标记和追踪，即使是进程地址空间内不同租户的数据也能进行有效的追踪和隔离，这部分工作体现为编程语言级的信息流控制。在编程模型方面，开发者只需将基于标记的策略以

固定的程序结构添加到已有的应用中。代码要操作用户的敏感数据时，基于最小特权原则被赋予特定的主体权限，进行标记追踪及策略判定，符合安全策略才执行对敏感数据的操作。另一方面，系统还进行了虚拟机操作系统层面的安全增强，提供对上层应用中与信息流控制相关 API 的支撑，将用户信息作为系统调用的参数传递至 OS 层，并对文件系统进行了标记和保护，控制主体与系统资源间的信息流动。

对于 CA_DataGuarder 中的标记，做以下说明：

1. 在 CA_DataGuarder 中，被标记的对象主要包括三类：Java 程序中的敏感数据对象、操作系统中的 OS 抽象、主体线程。

2. 为了避免产生隐式信息流，客体对象的机密性和完整性标签建立后不允许变更，如果需要变更客体对象的标记，只能复制产生一个新的客体对象，并依照信息流约束规则为其分配变更后的安全标记。为了体现 DIFC 模型分散授权的优势，在 CA_DataGuarder 系统中，主体的标记可以变更，这种变更是基于主体的能力集实现的。

三、PL-CA_ DataGuarder 实现机制

基于 CA_DataGuarder 的标记体系，设计分散信息流标记体系在 PL 层实现的 API 函数。

一旦主体通过了云计算系统的身份认证，可执行的与安全标记相关的操作主要包括以下几个：

1. 创建一个标签 t，同时获得了对该标签的所有操作特权。

2. 赋予其他主体对于该标签 t 的能力。

3. 在其能力范围内添加或删除对象的标签。

每个标签 t 创建的时候，创建的主体对其具有双重能力，其他主体对 t 没有能力。但是，有时必须允许其他主体对标签 t 的数据进行操作，根据 DFC 自主授权的特点，创建 t 的主体可能依据系统的安全策略将能力赋予其他主体。但是，只有具有创建标签 t 数据的用户特权的可信主体具有解密（$s-$）和签注（$i+$）能力，可信主体不会将这两种能力赋予其他主体。

向全局能力集 C_G 添加对标签的能力时，主要遵循以下三种系统级的安全策略。第一种是保护数据机密性的"输出限制"策略。创建 s 的主体（具有对机密性标签 s 的双重权限 $s+$，$s-$）将 $s+$ 添加到全局能力集 C_G 中，将能力 $s+$

赋予其他所有的主体，但是只有可信的主体才具有 $s-$。也就是说，系统中任意的主体 p 可以将 s 添加到其机密性标记中读 s-data 的客体对象，但是读过之后不能将标签 s 从其标记中去除，只有可信的主体才能去除标签 s，将 s-data 的数据解密输出系统。这一策略不影响机密性数据的正常处理，适用于大量敏感性数据的保护。第二种安全策略是"读限制"，也用来保护数据机密性，适用于安全要求更高的系统。创建标签 s 的主体没有将任何能力添加到全局能力集 C_G 中，只有可信主体（如标签的创建者）才具有 $s+$ 和 $s-$ 权限，其他主体均没有对 s-data 的任何操作权限。这种策略一般用于保护口令等短而关键的数据。第三种安全策略是保护数据完整性的策略"签注限制"。创建完整性标签 i 的主体（具有对标签 i 的双重权限 $i+,i-$）将 $i-$ 添加到全局能力集 C_G，将能力 $i-$ 赋予其他主体，但是只有可信主体具有 $i+$。任意主体可以去除其自身完整性标记中的标签 i 以接受一些完整性级别较低的数据，但是由于没有 $i+$ 能力，这些主体不能再向完整性级别高的实体中写数据。

为使本书系统达到较高安全性，在 PL 编程模型中融入了最小特权原则。最小特权原则是系统安全的一个重要原则，在完成某种操作时只赋予主体必不可少的特权，避免超级用户的误操作或其身份被假冒带来的安全隐患。在 DIFC 模型的形式化描述中，给出了对特权集的安全约束，该安全约束符合最小特权原则的要求。结合模型中对特权集的安全约束，本书系统提出一种最小权限封装（Least Privilege Encapsulation，LPE）机制，该机制对权限的使用提出了以下三个要求。

第一，公共服务进程以当前用户的特权来处理其操作请求。当云用户 A 提出对其敏感数据的操作时，如改写银行卡口令，该请求经由云计算系统中的安全通道被线程获得，该线程对所有用户均是授权的。该线程首先需要认证用户的身份，一旦认证了用户的身份，通过用户上下文信息，该线程将其权限传递为用户 A 主体的权限。一旦线程被主体授权执行对敏感数据的操作，则它具有对 A 的敏感数据标签 t 的双重能力，并能够将对 t 的能力赋予其他主体。如果代码中出现 bug 或者恶意 SU 攻击令线程读 B 的敏感数据，其机密性标签为 s，由于线程的主体不具备 $s+$ 能力，所以不能读 B 的银行卡口令。

第二，对敏感数据的操作完全封装在安全类 Privilege Closure 中。将共享的数据对象封装在安全类中，安全类外部的线程无法获得对共享数据对象的内部指针。换句话说，线程若想访问和操作带有用户标记的共享数据对象，就不能旁路分散信息流控制策略的检查。为了操作某个共享的敏感数据对象，当前线程必须通过显式授权获得相应的主体权限。当线程执行完代码段中的操作后，必须显式撤销当前主体的权限，标记和能力集合恢复为空。另外，解密和签注这两种特权操作被严格限定在创建标签的主体的 PrivilegeClosure 中，其他主体均没有这种特权。这个要求使权限的使用范围受到严格限制，以免造成对用户数据的破坏。

第三，主体标记变换遵循信息流动规则的约束。当 PrivilegeClosure 执行时，可能会发生主体控制权的转换。新主体运行的 PrivilegeClosure 要嵌套在先前主体的 PrivilegeClosure 中，而且主体之间的转换过程要遵循变换后的主体的标记和能力都低于先前的主体。设 S_p, I_p, C_p 是先前主体的标记和能力，S'_p, I'_p, C'_p 是嵌套的 PrivilegeClosure 中主体的标记和能力，则变换过程应满足如下限制：

$$S'_p \subseteq \left\{ s \mid s+ \in C_p \right\} \cup S_p \qquad (6-8)$$

$$I'_p \subseteq \left\{ i \mid i+ \in C_p \right\} \cup I_p \qquad (6-9)$$

$$C'_p \subseteq C_p \qquad (6-10)$$

当 PrivilegeClosure 在创建时，开发者并未将其绑定到任一个特定的主体，也就是说 PrivilegeClosure 在创建时是没有特权的。但是，当收到用户请求调用 PrivilegeClosure 时，可以将对标记数据的操作权限赋予该段代码，但同一时间只能有一个主体对其授权。

由于 Java VM 内存栈中的数据生存期较短，为了减少安全开销，本书未对 Java VM 内存栈内的数据进行标记和追踪。但是，为了保证数据的安全性，结合上述权限管理要求，对内存栈中存储的变量执行如下两个限制：

（1）如果安全类 PrivilegeClosure 具有机密性标记，则在安全类中被写的变量不能再被安全类外部的程序读。换句话说，该变量具有与 PrivilegeClosure 一致的机密性标记，不能被不具备该机密性标记的主体读。

（2）如果安全类 PrivilegeClosure 具有完整性标记，则在该安全类外部被写过的变量不能在该安全类中被读。换句话说，对于在 PrivilegeClosure 外部被写的变量，认为其完整性已经被破坏，因此，其不能流入完整性高的 PrivilegeClosure。

PL-CA_DataGuarder 在出现内存栈对象读写操作的地方添加了检测机制，该机制将在 Java VM 实时运行时检测主体对数据对象的访问是否遵循 DIFC 信息流规则。该机制在安全类内部和外部有区别。在安全类内部，检测机制要加载被访问对象的机密性和完整性标记，基于当前安全类的标记和能力、当前主体的标记和能力来判定对主体是否有权执行针对数据对象的访问操作。在安全类外部，检测机制要检测被访问的对象是否标记为空。

编译器需要根据访问是发生在安全类内部还是外部来判断使用哪种检测机制。静态检测的方法是，当一个方法首次由编译器进行编译时，编译器检查线程主体是否在安全类内。当该方法再次被使用时，依然沿用其首次执行时的检测机制。显然，静态检测的方法只能应用于方法固定都出现在安全类内部或外部时，如果一个方法既被安全类内部的代码调用，又被安全类外部的代码调用，静态检测的方法将失败，在这种情况下，编译器选择哪种检测机制十分关键。

第三节　面向云计算的可信虚拟环境关键技术

一、基于网络引导机制的虚拟化可信保证机制

虚拟化技术是云计算的基础技术，能够实现硬件资源的复用，提高资源利用率，降低建设成本。目前，虚拟化技术主要有硬件仿真、全虚拟化、准虚拟化和操作系统级虚拟化四种，其中全虚拟化技术主要有 Xen、KVM 和 VMware 等。图 6-7 给出了典型的虚拟化技术结构，图中 VMM 为每个虚拟机提供硬件资源的访问服务，并保证虚拟机之间的安全隔离。

图 6-7　虚拟化技术结构

根据其逻辑关系，可将虚拟系统划分为三个层次：最底层是物理硬件层，主要包括构建虚拟化服务的硬件服务器资源，根据当前通用的虚拟化硬件方式

设计，一台物理服务器上可以创建并运行几十个虚拟机实例；中间是虚拟机管理层，即在硬件实体上构建的虚拟机镜像、镜像管理与分配机制等；最上层是虚拟机实例，并且每个虚拟机实例都安装运行虚拟机操作系统，如 Windows XP 系统、Windows 7 系统等。由于所有的虚拟操作系统和软件都运行在虚拟硬件服务器上，本书根据虚拟化的层次以及每个层次中的内容进行描述。

虚拟系统可描述为集合 $V=\{Hardware，VMM，VMinstance\}$，其中 Hardware 表示虚拟化系统基于的硬件，VMM 表示虚拟机监视器，VMinstance 表示在虚拟机监视器管理下的多个虚拟机实例。根据硬件访问速度和访问方式的不同，硬件可分为高速硬件和低速硬件，即 Hardware 可描述为 $Hardware=\{Hardware_H，Hardware_L\}$，其中 $Hardware_H$ 表示高速硬件，$Hardware_L$ 表示低速硬件；虚拟机监视器通常一台物理主机只有一个，可直接用 VMM 表示；虚拟机实例可表示为 $VMinstance=\{VMinstance_1，VMinstance_2，VMinstance_3，...\}$，其中 $VMinstance_i$ 表示其中的一个虚拟机实例。由于虚拟机实例由操作系统和应用软件组成，VMinstance 可进一步拆分为 $VMinstance_i=\{Operation\ System_i，Application_i\}$，其中 $Operation\ System_i$ 表示虚拟机中安装的操作系统，$Application_i$ 表示用户为了完成工作和需求安装的应用软件。

对于虚拟机操作系统的安全性保障，主要通过保护 VMM 和 VMinstance 的运行环境安全来实现。然而，传统的加固 VMM 和对 VMinstance 进行虚拟机分析的方式一方面需要进行大量的分析工作，耗费人力和物力，另一方面需要针对每个启动的 VMinstance 进行系统分析，需要大量硬盘操作，硬盘读写在本质上属于串行低速硬件操作，因此，在前一个任务完成时，后一任务需要等待。当一套硬件系统上运行多个虚拟机实例时，对 VMinstance 的分析和度量会造成极大的资源消耗，影响系统的整体性能。

二、基于透明可控要求的云租户隔离机制

建立透明可控的租户隔离机制，必须要求安全域之间的信息流动满足既定的安全策略。下面是云计算中租户和租户域等相关概念。

（1）租户：云计算服务的消费者，按照使用云计算的服务或租用的资源进行付费。租户可以是租用云服务的公司、单位、团体或个人。

（2）用户：云计算系统中服务或资源的具体使用者。一般一个租户包含多个或一个用户。

（3）安全域：云计算系统中处于同一安全等级、具有相同安全需求和安全策略的资源集合，这些资源包括云计算系统中数据对象，如变量、文件或套接字（Socket）等。

（4）租户域：云计算系统中属于相同安全域中的租户、租户中的所有用户和其租用的资源的集合。租户租用的计算/存储资源、使用的数据、配置、用户管理策略等都属于租户域的范围。

根据安全域的定义可知，如果两个不同的安全域之间存在信息交换，那么它们之间必然存在共同的可访问地址空间或通信连接。因此，要满足云计算平台中租户之间的安全隔离要求，必须保证不同租户之间不存在交叉重叠的可访问地址空间，并且在不同租户之间不能存在直接的通信连接。本节基于云计算的资源复用要求和资源管理特征，提出同时满足云资源利用率最大化要求和租户安全隔离要求的云计算域间信息流策略机制。

（一）云计算安全区域划分

云计算系统中，计算资源包括计算时间资源和计算空间资源两个部分。计算时间资源可简单地用 CPU 计算时间来标识，包括总计算时间和单位时间内的 CPU 计算时间。云管理平台根据云计算的服务等级协定为租户分配相应的 CPU 计算时间。计算空间资源包括内存、磁盘、I/O 等物理和逻辑存储资源，其范围可用资源所在的地址空间来标识。

为了简化问题讨论，本书只采用计算资源地址空间来表示云计算资源，对计算时间资源不加考虑。这样，云计算系统关于计算资源的管理就表现为对资源地址空间的管理。比如，云管理平台为租户新分配一个虚拟机，就意味着该租户所拥有的计算资源地址空间增加；云管理平台或租户对计算资源的操作表现为对资源地址空间的内容读写。

在云计算系统中，云计算平台资源由多个安全域组成，包括以下几个。

（1）CMP 域：属于云计算管理平台的资源地址空间集合，CMP 与租户通信并为租户提供服务。

（2）租户域：每个租户拥有资源的地址空间集合，包括租户的存储空间、虚拟机资源等，它们是由 CMP 根据服务合约分配给相应租户的，一个云计算系统中有若干个租户域。

（3）系统可分配资源域（System Resource Pool，SRP）：云计算系统中未分配资源的地址空间集合，系统可分配资源由 CMP 管理，会根据需要分配给租户使用或向租户回收，系统可分配资源域地址空间会通过这种分配、回收发生变化。

在任何状态下，这三类安全域是云计算系统地址空间的一种划分，相互之间没有重叠。云计算的这种地址空间划分是云计算的安全隔离特征的体现，但是这种划分是动态变化的。系统通过管理平台，动态从系统可分配资源域中为租户分配资源，或将资源从租户域中回收，归还到系统可分配资源域中。

（二）云计算安全域之间信息流动

云计算的信息流可分为显式信息流和隐式信息流两种。显式信息流主要发生在云中的服务请求，分为两种情况：一种是租户与 CMP 之间的信息流动，如租户发送请求到 CMP 申请资源或将未使用的资源释放，CMP 也可以发送信息通知租户有关资源请求或系统事件的结果；另一种是 CMP 与 SRP 之间的信息流，如 CMP 把资源从 SRP 中分配给租户，CMP 接受资源返回请求后，把资源返回 SRP。

租户透明性和可控性信息流也属于显式信息流。为了建立租户对云服务的信任关系，租户可要求 CMP 提供云计算基础设施建设、配置和安全策略等透明性信息，如云计算服务平台的系统组成、软件版本、隔离机制状态、虚拟机运行状态和资源的访问状态等透明性服务信息。同时，租户使用可控服务参与到云计算服务的管理中，对租户所属资源进行安全策略定制。云计算系统中的域间显式信息流动如图 6-8 所示。

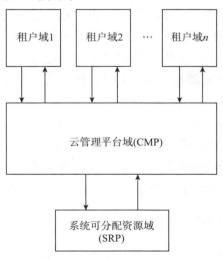

图 6-8　域间显式信息流动

163

隐式信息流存在两种情况：一是发生在资源重新分配过程中，如当一个租户释放资源时，如果资源尚未初始化清空之前就被 CMP 重新分配给其他租户，那么在这些资源中保存的数据就可以被下一个租户看到，这样就导致信息从一个租户流向另一个租户；二是 CMP 与两个不同租户的通信之间存在重叠时，也可能出现隐式信息流，如图 6-9 所示。

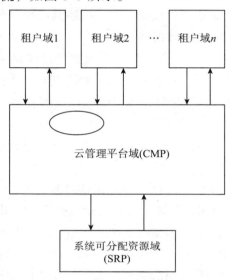

图 6-9　域间隐式信息流动

在图 6-9 中，CMP 分别与租户域 1、租户域 2 同时通信。如果这两个通信属于 CMP 部分重叠，那么 CMP 和租户 1 之间所交换的信息就可以被租户 2 探测到，虽然租户 1 和租户 2 之间没有直接的通信连接，但是租户 2 通过嗅探动作，使信息从租户域 1 流动到了租户域 2，租户域 1 和租户域 2 之间存在隐式信息流动。

进行信息流策略制定时必须考虑两个方面的问题：一是从资源管理的角度来看，租户域和 SRP 之间的信息交换必须禁止，否则将出现云资源滥用的问题，租户可使用云资源，而无须缴纳任何使用云服务的费用；二是从租户隔离要求来看，应该使不同的租户域之间没有信息流动，不管它们是显式的或隐式的。

三、云租户可信隔离机制模型应用分析

云租户隔离策略机制在技术实现上有如下要点：

一是租户安全域的资源隔离机制，其难点在于在共享的物理平台上实现不同租户安全域所属资源之间的安全隔离，如分配给租户的虚拟机组、网络资源以及存储资源与其他租户之间没有重叠交叉部分。由于虚拟化技术只是实现虚拟机之间的隔离，而每个租户可能同时拥有多个虚拟机，所以不同租户的虚拟机组之间需要使用虚拟网络等技术来实现标识和隔离；对于租户存储资源的隔离，需要在存储系统中通过访问控制和数据加密等安全机制来实现；在云计算平台的共享网络中，可以使用虚拟专用网络（Virtual Private Network，VPN）技术实现不同租户之间的网络隔离。

二是剩余信息保护机制实现问题。在云计算系统资源被重新分配时，要求对回收资源进行清空初始化来避免租户域之间可能存在的隐式信息流，从而实现剩余信息保护机制。在不同的云计算服务类型中，计算资源剩余信息保护机制各不相同，如在基础设施即服务（IaaS）和平台即服务（PaaS），租户退还虚拟机后，CMP 可以通过删除、重新创建或者克隆模式实现计算资源的清空，在软件即服务（SaaS）中，租户退还计算资源后，CMP 对相关资源的清空就比较困难。因为这些租户在资源使用过程中可能对底层系统平台的状态产生影响，可能还有其他租户在使用这些平台，这些影响难以通过系统重启来清除，所以需要在 SaaS 服务的相关应用层面提供支持，在租户退还服务资源后，对相关状态进行清理或清空。

三是剩余信息保护机制的性能问题。云计算系统在清空被租户退还的磁盘等存储资源过程中，对磁盘的清空初始化会涉及对退还磁盘空间的重写，普通磁盘的重写过程极其耗时。在面向大量租户服务的云计算系统中，磁盘资源的这种动态复用机制会引起大量的磁盘重写行为，而磁盘的每秒读写次数是影响云计算系统整体性能的一个主要因素。可以采用磁盘异步清空方式来解决这一性能问题。磁盘异步清空方式是指在磁盘存储资源被退还后，云计算系统将这部分磁盘空间标记为"未清空"状态，处于"未清空"状态的磁盘存储资源不能被重新分配给租户。系统通过一个专门的异步磁盘重写进程来处理"未清空"的磁盘存储空间，异步进程通过利用系统空闲时间对相应磁盘空间进行重写，达到不影响云计算服务整体性能的目的。磁盘存储空间被清空初始化之后，变成"可分配"状态，只有处于"可分配"状态的磁盘空间才可以被重新分配给租户。要保证磁盘异步清空方式能够正常工作，云计算系统中需要配置一定容量的冗余磁盘空间。

四是通道以及相应的租户透明可控机制。通道作为安全域和 CMP 之间的通信载体，既需要承担一定管理命令的传输，如 VMM 向虚拟机发送的管理命令，也需要承担安全域和 CMP 之间的数据传递。前者往往体现在虚拟机管理器内部，如 Xen 中的 Event Channel 和 Hypercall 等；对于后者而言，主要考虑的是保证数据传输中的机密性和完整性。因此，使用 VPN 是一种良好的应对方法。在通道能够保障传输信息的机密性和完整性的基础上，透明机制的可行性问题则主要集中在 CMP 对租户虚拟机运行状态和当前执行的安全策略等相关信息封装上，应当能够确保这些状态信息的可靠性和可验证性。针对这一问题，vTPM 将会是一种可行的解决方案。CMP 从不同租户的虚拟机中收集虚拟机运行状态信息，经过虚拟机的 vTPM 中的 AIK 加密后，汇总至 CMP 进行验证、封装并使用 CMP 的 AIK 签名后，经由通道发送给租户，租户先使用 CMP 的 AIK 公钥进行验证，再通过租户的 AIK 私钥解密透明信息，这样就确保了这些透明性信息的可靠性。可控机制的可行性问题可从两方面实现：一是可以利用可信传递过程，使租户自主控制虚拟机应用软件的运行；二是可以利用存储加密技术，在租户域为租户单独开辟存储空间，并且在租户使用存储空间时进行加解密，保护租户机密数据。

本书提出的隔离机制在原型系统中主要体现在如下几点：

（1）不同租户提供服务的虚拟机（组）之间采用 VLAN 技术进行了隔离，满足了租户安全域的隔离机制。

（2）使用访问控制技术确保不同虚拟机（组）之间对物理存储的访问安全受控，实现了对存储资源的隔离。

（3）租户通过 VPN 连接到 CMP 的对外接口来使用云计算服务，是对租户网络空间的隔离体现。

（4）在存储集群中，基于母本 CoW 机制，使存储集群能够实现磁盘资源的初始化、分配、回收和再分配，同时考虑到了磁盘的异步清空，实现了对剩余信息的保护。

（5）租户与 CMP 之间的 VPN 连接和 CMP 通过调用 Event Channel 等对虚拟机进行管理是云环境中的通道的体现。

（6）对透明性的要求体现为 CMP 从虚拟机中收集当前的透明性证明，封装后与云计算服务一同提供给租户。

（7）为租户提供应用软件运行控制接口，让租户自主控制虚拟机应用软件的运行；在租户域为租户单独开辟存储空间，由租户决定何时对数据进行加密和解密，并由租户自行维护密钥，满足租户对资源的自主控制。

参考文献

[1] 李强. 云计算及其应用 [M]. 武汉：武汉大学出版社, 2018.

[2] 黄勤龙，杨义先. 云计算数据安全 [M]. 北京：北京邮电大学出版社, 2018.

[3] 青岛英谷教育科技股份有限公司. 云计算与虚拟化技术 [M]. 西安：西安电子科技大学出版社, 2018.

[4] 刘静. 云计算与物联网技术 [M]. 延吉：延边大学出版社, 2018.

[5] 高静. 云计算技术的发展与应用 [M]. 延吉：延边大学出版社, 2018.

[6] 王彩玲，宋冰. 基于云计算的网络安全态势感知技术研究 [J]. 常熟理工学院学报, 2021, 35(2): 59–64.

[7] 卢启臣. 云计算背景下高职计算机网络技术专业课程体系改革思考 [J]. 中国信息化, 2021(3): 77–78, 82.

[8] 王元太. 基于云计算的物联网数据挖掘系统分析 [J]. 网络安全技术与应用, 2021(3): 62–63.

[9] 陈斌. 云计算环境下的网络安全技术战略分析 [J]. 网络安全技术与应用, 2021(3): 63–65.

[10] 吕永霞. 云计算环境下大型企业集团财务共享服务模式的演进和财务转型 [J]. 中国乡镇企业会计, 2021(3): 162–164.

[11] 张从越，付雄，乔磊. 云计算环境下基于多目标优化的虚拟机放置研究 [J]. 计算机应用与软件, 2021, 38(3): 32–38.

[12] 宁晓虹. 云计算技术在高校计算机基础教学中的应用分析 [J]. 科技风, 2021(7): 92–93.

[13] 陈德. 云计算技术环境下计算机网络安全分析 [J]. 佳木斯职业学院学报, 2021, 37(3): 137–138.

[14] 李冰. 云计算技术下的互联网金融应用研究 [J]. 今日财富, 2021(5): 34–35.

[15] 李冰，柏海骏，柳昶明. 云计算在水电工程信息化建设中的应用 [J]. 中国信息界, 2021(1): 88–89.

[16] 王爱华 . 云计算在医院信息管理系统的应用探讨研究 [J]. 电脑编程技巧与维护 , 2021(2): 86–87, 95.

[17] 李志红 , 孙军军 , 石国伟 . 大数据及云计算技术在油田生产中的应用研究 [J]. 中国管理信息化 , 2021, 24(4): 92–93.

[18] 钟合 . 云计算战略的三大支柱 [N]. 中国信息化周报 , 2021–02–03(013).

[19] 李双清 . 云计算技术下的数据挖掘平台建设策略 [J]. 信息记录材料 , 2021, 22(2): 157–158.

[20] 徐伟伟 . 云计算技术在计算机数据处理中的应用 [J]. 数码世界 , 2021(2): 198–199.

[21] 谢起朝 . 云计算环境下的分布存储关键技术 [J]. 电脑知识与技术 , 2021, 17(3): 59–60.

[22] 张俊 . 云计算技术在计算机网络安全中的应用 [J]. 电子技术 , 2021, 50(1): 120–121.

[23] 周忠 . 云计算技术在计算机网络中的应用研究 [J]. 河南科技 , 2021, 40(2): 42–44.

[24] 张淑杰 . 基于云计算技术的大数据分析平台设计与开发 [J]. 电子测试 , 2021(2): 78–79, 94.

[25] 熊祖雄 . 云计算技术在电子政务领域的应用分析 [J]. 中国新通信 , 2021, 23(1): 123–124.

[26] 安虎 . 云计算技术在计算机数据处理中的应用探析 [J]. 信息记录材料 , 2021, 22(1): 121–122.

[27] 白江 . 计算机安全存储中云计算技术的应用 [J]. 中国高新科技 , 2020(24): 152–153.

[28] 黄琨福 . 大数据环境下计算机应用技术和信息管理的整合 [J]. 电脑知识与技术 , 2020, 16(36): 21–23.

[29] 毛敬玉 . 基于云计算技术的计算机网络教学平台的研究与设计 [J]. 数字技术与应用 , 2020, 38(12): 135–137.

[30] 杨秋红 . 云计算在计算机数据处理中的有效性研究 [J]. 信息与电脑 (理论版), 2020, 32(24): 156–157.

[31] 张成叔 . 数据挖掘技术在智能图书馆云检索系统中的应用研究 [J]. 山西大同大学学报 (自然科学版), 2020, 36(6): 37–41, 110.

[32] 李渊义 . 云计算在银行会计信息化中的应用研究 [J]. 中国乡镇企业会计，2020(12): 216–217.

[33] 陆泉，王晓亮 . 云计算技术与设计学教学模式的深度融合研究 [J]. 美术教育研究，2020(23): 102–104.

[34] 王涛 . 云计算及大数据技术研究 [J]. 信息通信，2020(12): 255–257.

[35] 张野 . 云计算技术在传统金融行业落地案例分析与推广 [J]. 金融科技时代，2020, 28(12): 33–37.

[36] 袁晓戎 . 基于云计算的网络安全存储系统研究与设计 [J]. 电子设计工程，2020, 28(23): 139–142.

[37] 刘守霖 . 云计算模式下大数据处理技术 [J]. 电子技术与软件工程，2020(23): 187–188.

[38] 董东野 . 云计算技术在计算机数据处理中的应用发展 [J]. 电子技术与软件工程，2020(23): 167–168.

[39] 杨鑫 . 计算机安全管理中云计算技术的应用 [J]. 数码世界，2020(12): 74–75.

[40] 徐永强 . 基于云计算技术的广电网络开放业务平台开展分析 [J]. 电子世界，2020(22): 54–55.

[41] 李万彬 . 云计算技术发展分析及其应用探究 [J]. 现代工业经济和信息化，2020, 10(11): 98–99.

[42] 黄海，李佳，汪有杰 . 云计算技术在计算机网络安全存储中的应用 [J]. 信息技术与信息化，2020(11): 162–164.

[43] 李哲昊 . 基于云计算技术的计算机网络安全储存系统设计研究 [J]. 数字技术与应用，2020, 38(11): 175–177.

[44] 荣喜丰 . 云计算技术在计算机网络安全存储中的应用 [J]. 电子技术与软件工程，2020(22): 251–252.

[45] 王凤姣 . 云计算技术在物联网智能家居系统中的应用分析 [J]. 信息记录材料，2020, 21(11): 228–229.

[46] 郑瑞银 . 云计算技术中的关键性数据库技术 [J]. 信息记录材料，2020, 21(11): 144–145.

[47] 罗伟 . 高职云计算技术与应用专业人才培养模式探讨 [J]. 科技风，2020(30): 85–86.

[48] 李飞 . 基于云计算技术在医院信息化建设的应用探讨分析 [J]. 电子世界，2020(20): 44–45.

[49] 杨晓博，姚海瑞，吴睿 . 云计算技术在智慧城市中的应用分析 [J]. 信息与电脑（理论版), 2020, 32(20): 20–22.

[50] 吴炳志 . 物联网融合云计算技术构建智慧校园的研究 [J]. 电脑编程技巧与维护 , 2020(10): 92–94.

[51] 卢磊 . 基于云计算的医院信息技术平台的构建与研究 [J]. 电子技术与软件工程 , 2020(20): 144–145.

[52] 木合塔尔·艾尔肯 . 大数据技术在计算机信息安全中的应用分析 [J]. 网络安全技术与应用 , 2020(10): 81–82.